应用随机过程学习指导

杨　雪　王素萍　宋占杰　主编

天津大学出版社
TIANJIN UNIVERSITY PRESS

内 容 提 要

本书是天津大学博士研究生传统教材《应用随机过程》配套使用的学习指导书,全书分 7 章编写,包括该教材全部习题解析.主要内容包括:概率论的基本知识、随机过程的基本概念、更新过程、离散时间的 Markov 链、连续时间的 Markov 链以及随机分析和平稳过程.本书可作为研究生随机数学基础课辅助读物,也可作为工程技术人员的参考用书.

图书在版编目(CIP)数据

应用随机过程学习指导 / 杨雪,王素萍,宋占杰主编. — 天津:天津大学出版社,2020.9
　ISBN 978-7-5618-6757-0

　Ⅰ.①应… Ⅱ.①杨… ②王… ③宋… Ⅲ.①随机过程 – 研究生 – 教学参考资料 Ⅳ.①O211.6

中国版本图书馆 CIP 数据核字(2020)第 168369 号

出版发行	天津大学出版社	
地　　址	天津市卫津路 92 号天津大学内(邮编:300072)	
电　　话	发行部:022-27403647	
网　　址	www.tjupress.com.cn	
印　　刷	北京虎彩文化传播有限公司	
经　　销	全国各地新华书店	
开　　本	169mm×239mm	
印　　张	9	
字　　数	176	
版　　次	2020 年 12 月第 1 版	
印　　次	2020 年 12 月第 1 次	
定　　价	25.00 元	

目　　录

Chapter 1　概率论的基本知识 ·· 1

1.1　内容提要 ·· 1

1.2　习题解答 ·· 12

Chapter 2　随机过程的基本概念 ·· 23

2.1　内容提要 ·· 23

2.2　习题解答 ·· 29

Chapter 3　更新过程 ··· 45

3.1　内容提要 ·· 45

3.2　习题解答 ·· 48

Chapter 4　离散时间的 Markov 链 ·· 67

4.1　内容提要 ·· 67

4.2　习题解答 ·· 71

Chapter 5　连续时间的 Markov 链 ·· 91

5.1　内容提要 ·· 91

5.2　习题解答 ·· 95

Chapter 6　随机分析 ··· 108

6.1　内容提要 ·· 108

6.2　习题解答 ·· 112

Chapter 7　平稳过程 ··· 122

7.1　内容提要 ·· 122

7.2　习题解答 ·· 127

Chapter 1　概率论的基本知识

1.1　内容提要

1.事件域

设 Ω 是样本空间,$\mathscr{F}$ 是由 Ω 的一些子集构成的集类(族),如果它满足:

① $\Omega \in \mathscr{F}$;

② 若 $A \in \mathscr{F}$,则 $\bar{A} \in \mathscr{F}$;

③ 若 $A_i \in \mathscr{F}, i = 1, 2, \cdots$,有 $\bigcup\limits_{i=1}^{\infty} A_i \in \mathscr{F}$.

则称 $\mathscr{F}$ 为事件域,$\mathscr{F}$ 中的元素 A 称为事件.

不难得到:

① $\varnothing \in \mathscr{F}$;

② 若 $A_i \in \mathscr{F}, i = 1, 2, \cdots$,则 $\bigcup\limits_{i=1}^{n} A_i \in \mathscr{F}, \bigcap\limits_{i=1}^{n} A_i \in \mathscr{F}, \bigcup\limits_{i=1}^{\infty} A_i \in \mathscr{F}, \bigcap\limits_{i=1}^{\infty} A_i \in \mathscr{F}$;

③ 若 $A, B \in \mathscr{F}$,则 $A - B \in \mathscr{F}$.

2.概率

设 Ω 是样本空间,$\mathscr{F}$ 是 Ω 的一个事件域,定义在 $\mathscr{F}$ 上的实值集函数 $P(\cdot)$ 如果满足:

① $\forall A \in \mathscr{F}$,有 $P(A) \geqslant 0$;

② $P(\Omega) = 1$;

③ 若 $A_i \in \mathscr{F}, i = 1, 2, \cdots$,且 $A_i A_j = \varnothing (i \neq j)$,有

$$P\left(\bigcup_{i=1}^{\infty} A_i \right) = \sum_{i=1}^{\infty} P(A_i).$$

则称 $P(\cdot)$ 为 $\mathscr{F}$ 上的概率,$P(A)$ 为事件 A 的概率,并且称三元总体 $(\Omega, \mathscr{F}, P)$ 为概率空间.

除定义中所规定的性质外,概率还具备以下性质:

① $P(\varnothing) = 0$;

② 若 $A_i \in \mathscr{F}, i = 1, 2, \cdots, n$, 且 $A_i A_j = \varnothing (i \neq j)$, 则

$$P(\bigcup_{i=1}^{n} A_i) = \sum_{i=1}^{n} P(A_i);$$

③ 对任意事件 A, 有

$$P(A) = 1 - P(\bar{A});$$

④ 设 A, B 是任意两个事件, 且 $A \subset B$, 则

$$P(B - A) = P(B) - P(A), \quad P(A) \leqslant P(B);$$

⑤ 对任意事件 $A_i \in \mathscr{F}, i = 1, 2, \cdots, n$, 有

$$P(\bigcup_{i=1}^{n} A_i) \leqslant \sum_{i=1}^{n} P(A_i),$$

且

$$P(\bigcup_{i=1}^{n} A_i) = \sum_{i=1}^{n} P(A_i) - \sum_{1 \leqslant i < j \leqslant n} P(A_i A_j) + \sum_{1 \leqslant i < j < k \leqslant n} P(A_i A_j A_k)$$
$$- \cdots + (-1)^{n-1} P(A_i A_j \cdots A_n).$$

3. 条件概率

设 $(\Omega, \mathscr{F}, P)$ 为概率空间, 事件 $B \in \mathscr{F}$, 且 $P(B) > 0$, 对任意事件 $A \in \mathscr{F}$, 记

$$P(A|B) = \frac{P(A)}{P(AB)},$$

则称 $P(A|B)$ 为在事件 B 发生的条件下, 事件 A 发生的条件概率.

条件概率满足概率的公理化定义, 因此是概率, 并且具有概率所具备的所有性质. 比如条件概率的容斥原理: 对任意两个事件 A 和 B, 若 $P(C) > 0$, 则

$$P[(A \cup B)|C] = P(A|C) + P(B|C) - P[(A \cap B)|C].$$

与条件概率相关的三个公式如下.

1) 乘法公式

①两个事件: $P(AB) = P(B)P(A|B), (P(B) > 0)$.

②$n(n \geqslant 2)$ 个事件:

$$P(A_1 A_2 \cdots A_n) = P(A_1)P(A_2|A_1)P(A_3|A_1 A_2) \cdots P(A_n|A_1 A_2 \cdots A_{n-1}),$$
$$(P(A_1 A_2 \cdots A_{n-1}) > 0).$$

2) 全概率公式

设 $A \in \mathscr{F}, B_i \in \mathscr{F}, i = 1, 2, \cdots, n, B_i B_j = \varnothing (i \neq j)$, 且 $\bigcup_{i=1}^{n} B_i = \Omega, P(B_i) > 0$, 则

$$P(A) = \sum_{i=1}^{n} P(B_i)P(A|B_i).$$

3) Bayes(贝叶斯)公式

设 $A \in \mathscr{F}, B_i \in \mathscr{F}, i = 1,2,\cdots,n$, $B_i B_j = \varnothing \ (i \neq j)$, 且 $\bigcup_{i=1}^{n} B_i = \Omega$, $P(B_i) > 0$,

$P(A) > 0$,则

$$P(B_i|A) = \frac{P(B_i)P(A|B_i)}{\sum_{i=1}^{n} P(B_i)P(A|B_i)}.$$

4. 事件的独立性

1) 两个事件的独立性

设 $(\Omega, \mathscr{F}, P)$ 为概率空间, $A, B \in \mathscr{F}$,若

$$P(AB) = P(A)P(B),$$

则称事件 A, B 相互独立.

2) n 个事件的独立性

一般地,设 $A_i \in \mathscr{F}, i = 1,2,\cdots,n$,若对任意的 $m(2 \leqslant m \leqslant n)$ 及任意的 $1 \leqslant k_1 < k_2 < \cdots < k_m \leqslant n$,都有

$$P(A_{k_1}A_{k_2}\cdots A_{k_m}) = P(A_{k_1})P(A_{k_2})\cdots P(A_{k_m}),$$

则称事件 $A_1, A_2, \cdots, A_n$ 是相互独立的.

5. 随机变量

1) 随机变量的定义

设 $(\Omega, \mathscr{F}, P)$ 为概率空间, $X = X(\omega)$ 是定义在 Ω 上的实值函数. 若对任意实数 x,都有 $\{\omega : X(\omega) \leqslant x\} \in \mathscr{F}$,则称 X 是该空间上的一个随机变量.

设 $X_1(\omega), X_2(\omega), \cdots, X_n(\omega)$ 是定义在该概率空间上的 n 个随机变量,则称

$$\boldsymbol{X}(\omega) = (X_1(\omega), X_2(\omega), \cdots, X_n(\omega))$$

为 n 维随机向量或 n 维随机变量,简记为 $\boldsymbol{X} = (X_1, X_2, \cdots, X_n)$.

2) 分布函数

若 X 是一个随机变量,则称

$$F(x) = P\{X \leqslant x\}, \quad -\infty < x < +\infty$$

为 X 的分布函数,并称 n 元函数

$$F(x_1, x_2, \cdots, x_n) = P\{X_1 \leqslant x_1, X_2 \leqslant x_2, \cdots, X_n \leqslant x_n\}, \quad -\infty < x_1, x_2, \cdots, x_n < +\infty$$

为 n 维随机变量 $(X_1, X_2, \cdots, X_n)$ 的联合分布函数.

3) 随机变量的分类

若 n 维随机变量 $\boldsymbol{X} = (X_1, X_2, \cdots, X_n)$ 的所有可能取值只有有限个或可列个,则称 $\boldsymbol{X}$ 为 n 维离散型随机变量,并称

$$p_{i_1, i_2, \cdots, i_n} = P\{X_1 = x_{1i_1}, X_2 = x_{2i_2}, \cdots, X_n = x_{ni_n}\}, \quad i_1, i_2, \cdots, i_n = 1, 2, \cdots$$

为离散型随机变量 $\boldsymbol{X} = (X_1, X_2, \cdots, X_n)$ 的(联合)分布列.

若 n 维随机变量 $\boldsymbol{X} = (X_1, X_2, \cdots, X_n)$ 的分布函数为 $F(x_1, x_2, \cdots, x_n)$,且存在非负实值函数 $f(x_1, x_2, \cdots, x_n)$,使得对任意的实数 $x_1, x_2, \cdots, x_n$,总有

$$F(x_1, x_2, \cdots, x_n) = \int_{-\infty}^{x_1} \int_{-\infty}^{x_2} \cdots \int_{-\infty}^{x_n} f(t_1, t_2, \cdots, t_n) \, \mathrm{d}t_1 \mathrm{d}t_2 \cdots \mathrm{d}t_n,$$

则称 $\boldsymbol{X} = (X_1, X_2, \cdots, X_n)$ 为 n 维连续型随机变量,并称函数 $f(x_1, x_2, \cdots, x_n)$ 为 $\boldsymbol{X} = (X_1, X_2, \cdots, X_n)$ 的(联合)概率密度函数.

特别地,$n = 1$ 时,以上定义也成立.

4) 随机变量的独立性

设 $(\Omega, \mathscr{F}, P)$ 为概率空间,$X_1, X_2, \cdots, X_n$ 是 Ω 上的 $n(n \geqslant 2)$ 个随机变量,若对于任意的实数 $x_1, x_2, \cdots, x_n$,都有

$$P\{X_1 \leqslant x_1, X_2 \leqslant x_2, \cdots, X_n \leqslant x_n\} = P\{X_1 \leqslant x_1\} P\{X_2 \leqslant x_2\} \cdots P\{X_n \leqslant x_n\},$$

则称随机变量 $X_1, X_2, \cdots, X_n$ 是相互独立的.

若 $(X_1, X_2, \cdots, X_n)$ 是 n 维离散型随机变量,则 $X_1, X_2, \cdots, X_n$ 独立的充要条件是对任意的 $i_1, i_2, \cdots, i_n = 1, 2, \cdots$,有

$$P\{X_1 = x_{1i_1}, X_2 = x_{2i_2}, \cdots, X_n = x_{ni_n}\} = P\{X_1 = x_{1i_1}\} P\{X_2 = x_{2i_2}\} \cdots P\{X_n = x_{ni_n}\}.$$

若 $(X_1, X_2, \cdots, X_n)$ 是 n 维连续型随机变量,$f(x_1, x_2, \cdots, x_n)$ 是其联合概率密度函数,则 $X_1, X_2, \cdots, X_n$ 独立的充要条件是

$$f(x_1, x_2, \cdots, x_n) = f_{X_1}(x_1) f_{X_2}(x_2) \cdots f_{X_n}(x_n)$$

成立.

可以证明,若随机变量 $X_1, X_2, \cdots, X_n$ 相互独立,$g_i(x)(i = 1, 2, \cdots, n)$ 为 Borel(波莱尔)可测函数,则 $g_1(X_1), g_2(X_2), \cdots, g_n(X_n)$ 也相互独立.

6. 随机变量的数字特征

1) 数学期望

设 $F(x)$ 是随机变量 X 的分布函数,若 $\int_{-\infty}^{+\infty} |x| \mathrm{d}F(x) < \infty$,则称

$$E(X) = \int_{-\infty}^{+\infty} x \mathrm{d}F(x)$$

为 X 的数学期望或均值.

若 X 是离散型随机变量,其概率分布列为

$$p_i = P\{X = x_i\}, \quad i = 1, 2, \cdots, \text{且} \sum_i |x_i| p_i < \infty,$$

则 X 的数学期望是

$$E(X) = \sum_i x_i p_i.$$

若 X 是连续型随机变量,其概率密度函数为 $f(x)$,且 $\int_{-\infty}^{+\infty} |x| f(x) \mathrm{d}x < \infty$,则 X 的数学期望是

$$E(X) = \int_{-\infty}^{+\infty} x f(x) \mathrm{d}x.$$

对二维随机变量 (X, Y),设其联合分布函数为 $F(x, y)$,则函数 $g(X, Y)$ 的数学期望通过下式计算:

$$E[g(X, Y)] = \int_{-\infty}^{+\infty} \int_{-\infty}^{+\infty} g(x, y) \mathrm{d}F(x, y)$$

$$= \begin{cases} \sum_i \sum_j g(x_i, x_j) p_{ij}, & \text{若} (X, Y) \text{离散}, \\ \int_{-\infty}^{+\infty} \int_{-\infty}^{+\infty} g(x, y) f(x, y) \mathrm{d}x\mathrm{d}y, & \text{若} (X, Y) \text{连续}, \end{cases}$$

其中, p_{ij} 和 $f(x, y)$ 分别是相应的联合分布列和联合分布函数.

2) 方差

设 X 是随机变量,若 $E(X)$ 存在,且 $E[X - E(X)]^2 < \infty$,则称

$$D(X) = E[X - E(X)]^2 \tag{1.1}$$

为随机变量 X 的方差,称 $\sqrt{D(X)}$ 为 X 的标准差.

常用计算公式: $D(X) = E(X^2) - [E(X)]^2$.

3) 协方差与相关系数

设 X, Y 是随机变量, $E(X^2) < \infty$, $E(Y^2) < \infty$,则称

$$\mathrm{Cov}(X,Y) = E\{[X - E(X)][Y - E(Y)]\}$$

为 X 与 Y 的协方差,并且称

$$\rho_{XY} = \frac{\mathrm{Cov}(X,Y)}{\sqrt{D(X)}\sqrt{D(Y)}}, D(X) > 0, D(Y) > 0$$

为 X 与 Y 的相关系数.

若 $\rho_{XY} = 0$,则称 X 与 Y 不相关.

常用计算公式: $\mathrm{Cov}(X,Y) = E(XY) - E(X) \cdot E(Y)$.

4) 性质

随机变量的数字特征分别具有以下性质:

① $E(C) = C, D(C) = 0$,其中,C 为常数;

② $E(aX + bY) = aE(X) + bE(Y)$,其中,$a,b$ 为常数;

③ 若 X 与 Y 独立,则 $E(XY) = E(X) E(Y)$;

④ 若 X 与 Y 独立,则 $D(aX \pm bY) = a^2 D(X) + b^2 D(Y)$;

⑤ $D(X \pm Y) = D(X) + D(Y) \pm 2\mathrm{Cov}(X,Y)$;

⑥ 对任意的实数 x,有 $D(X) = E[X - E(x)]^2 \leqslant E(X - x)^2$;

⑦ Schwarz(旋瓦尔兹)不等式,若 $E(X^2) < \infty$,$E(Y^2) < \infty$,则 $[E(XY)]^2 < E(X^2)E(Y^2)$;

⑧ $\mathrm{Cov}(aX_1 + bX_2, cY_1 + dY_2) = ac\mathrm{Cov}(X_1,Y_1) + ad\mathrm{Cov}(X_1,Y_2)$
$$+ bc\mathrm{Cov}(X_2,Y_1) + bd\mathrm{Cov}(X_2,Y_2);$$

⑨ $|\rho_{XY}| \leqslant 1$;

⑩ $|\rho_{XY}| = 1$ 的充要条件是 X 与 Y 以概率 1 线性相关,即存在常数 a,b,且 $a \neq 0$,使 $P\{Y = aX + b\} = 1$;

⑪ 若 X 与 Y 独立,则 $\rho_{XY} = 0$.

7. 条件数学期望

1) 边缘分布和条件分布

若 (X,Y) 是二维离散型随机变量,联合分布列为

$$P\{X = x_i, Y = y_j\} = p_{ij}, \quad i,j = 1,2,\cdots,$$

则称

$$P\{X = x_i\} = \sum_{j=1}^{\infty} P\{X = x_i, Y = y_j\} = \sum_{j=1}^{\infty} p_{ij} = p_i., \quad i = 1,2,\cdots$$

为 (X,Y) 关于 X 的边缘分布列.

若(X,Y)是二维连续型随机变量,联合概率密度函数为$f(x,y)$,则称

$$f_X(x) = \int_{-\infty}^{+\infty} f(x,y)\,\mathrm{d}y$$

为(X,Y)关于X的边缘概率密度函数.

相应有关于Y的边缘分布列和边缘概率密度函数,并称

$$P(X=x_i \mid Y=y_j) = \frac{P(X=x_i,Y=y_j)}{P\{Y=y_j\}} = \frac{p_{ij}}{p_{\cdot j}}, \quad i=1,2,\cdots$$

为在$Y=y_j(P\{Y=y_j\}>0)$条件下,随机变量X的条件分布列,并称

$$f(x\mid y) = \frac{f(x,y)}{f_Y(y)}, \quad f_Y(y)>0$$

为在条件$Y=y$下X的条件概率密度函数.

相应有关于Y的条件分布列和条件概率密度函数.

2)条件分布函数

设(X,Y)是二维随机变量,且对任意$\varepsilon>0,P\{y-\varepsilon<Y\leqslant y+\varepsilon\}>0$,如果

$$\lim_{\varepsilon\to 0^+} P(X\leqslant x\mid y-\varepsilon<Y\leqslant y+\varepsilon)$$

存在,则称其为在$Y=y$条件下随机变量X的条件分布函数,记为

$$F_{X\mid Y}(x\mid y) = P(X\leqslant x\mid Y=y) = \lim_{\varepsilon\to 0^+} P(X\leqslant x\mid y-\varepsilon<Y\leqslant y+\varepsilon).$$

3)条件数学期望

设(X,Y)是二维随机变量,在$Y=y$条件下X的条件分布函数为$F_{X\mid Y}(x\mid y)$,且$\int_{-\infty}^{+\infty}|x|\mathrm{d}F_{X\mid Y}(x\mid y)<\infty$,则称

$$E(X\mid Y=y) = \int_{-\infty}^{+\infty} x\,\mathrm{d}F_{X\mid Y}(x\mid y)$$

为在$Y=y$条件下X的条件数学期望.

当(X,Y)分别是离散型和连续型随机变量时,有

$$E(X\mid Y=y) = \int_{-\infty}^{+\infty} x\,\mathrm{d}F_{X\mid Y}(x\mid y)$$
$$= \begin{cases} \sum_x xP(X=x\mid Y=y), & \text{若}(X,Y)\text{是离散型的,} \\ \int_{-\infty}^{+\infty} xf_{X\mid Y}(x\mid y)\,\mathrm{d}x, & \text{若}(X,Y)\text{是连续型的.} \end{cases}$$

4)条件数学期望的性质

①当X与Y相互独立时,$E(X\mid Y)=E(X)$;

②$E[E(X\mid Y)]=E(X)$(全数学期望公式);

③$E[g(Y) \cdot X|Y] = g(Y)E(X|Y)$；

④$E[g(Y) \cdot X] = E[g(Y)E(X|Y)]$；

⑤$E(C|Y) = C, C$ 为常数；

⑥$E[g(Y)|Y] = g(Y)$；

⑦$E[(aX + bY)|Z] = aE(X|Z) + bE(Y|Z), a, b$ 为常数；

⑧$E[X - E(X|Y)]^2 \leq E[X - g(Y)]^2$.

8. 常用变换

1) 母函数

设 X 是取非负整数值的随机变量，分布列为 $p_k = P\{X = k\}, k = 0, 1, 2, \cdots$，则称

$$G(s) = E(s^X) = \sum_{k=0}^{\infty} p_k s^k$$

为 X 的母函数.

母函数满足如下性质.

①取非负整数值的随机变量的分布列由其母函数唯一确定.

②设 $G(s)$ 是随机变量 X 的母函数，若 $E(X)$ 存在，则 $E(X) = G'(1)$；若 $D(X)$ 存在，则

$$D(X) = G''(1) + G'(1) - [G'(1)]^2.$$

③独立随机变量和的母函数等于各随机变量母函数的乘积.

④若 $X_1, X_2, \cdots$ 是独立同分布的整值随机变量，其母函数为 $P(s)$，N 是与 $\{X_n\}$ 独立的取正整数值的随机变量，其母函数为 $G(s)$，则 $Y = \sum_{i=1}^{N} X_i$ 的母函数为

$$G_Y''(s) = G[P(s)].$$

2) 矩母函数

设随机变量 X 的分布函数为 $F(x)$，当 $\int_{-\infty}^{+\infty} e^{tx} dF(x) < \infty$ 时，$\forall t \in \mathbb{R}$，称

$$\psi(t) = E(e^{tX}) = \begin{cases} \sum_x e^{tx} P\{X = x\}, & \text{若 } X \text{ 是离散型的}, \\ \int_{-\infty}^{+\infty} e^{tx} f(x) dx, & \text{若 } X \text{ 是连续型的} \end{cases}$$

为 X 的矩母函数.

矩母函数如果存在，则与概率分布一一对应.

矩母函数的性质：

①相互独立随机变量和的矩母函数等于各自矩母函数的乘积;

②设 X 的矩母函数为 $\psi(t)$,则 $\psi^{(n)}(0) = E(X^n)$,$n = 1,2,\cdots$.

3) 特征函数

设随机变量 X 的分布函数为 $F(x)$,称

$$\phi(t) = E(e^{itX}) = \int_{-\infty}^{+\infty} e^{itx} dF(x) = \begin{cases} \sum_x e^{itx} P\{X = x\}, & \text{若 } X \text{ 是离散型的}, \\ \int_{-\infty}^{+\infty} e^{itx} f(x) dx, & \text{若 } X \text{ 是连续型的} \end{cases}$$

为 X 的特征函数.

特征函数一定是存在的.

特征函数具有如下性质.

① $\phi(t)$ 在 $\mathbb{R}$ 上一致连续,且 $|\phi(t)| \leq \phi(0) = 1$,$\phi(-t) = \overline{\phi(t)}$.

② $\phi(t)$ 非负定,即对任意正整数 n,任意 $t_i \in \mathbb{R}$ 及复数 λ_i,$i = 1,2,\cdots,n$,有

$$\sum_{k=1}^{n} \sum_{j=1}^{n} \phi(t_k - t_j) \lambda_k \overline{\lambda_j} \geq 0.$$

③ 若 $X = \sum_{i=1}^{n} X_i$,且 $X_1,X_2,\cdots,X_n$ 相互独立,则

$$\phi_X(t) = \prod_{i=1}^{n} \phi_{X_i}(t).$$

④ 若 X 的 n 阶矩存在,则 $\phi_X(t)$ 可微分 $k(k \leq n)$ 次,且

$$\phi_X^{(k)}(0) = i^k E(X^k).$$

⑤ 若 X 的特征函数为 $\phi_X(t)$,$Y = aX + b$(a,b 为常数),则 Y 的特征函数为

$$\phi_Y(t) = e^{itb} \phi_X(at).$$

⑥ 逆转公式:设 X 的分布函数为 $F(x)$,特征函数为 $\phi(t)$,则对任意实数 x_1,x_2,有

$$\frac{F(x_2+0) + F(x_2-0)}{2} - \frac{F(x_1+0) + F(x_1-0)}{2} = \frac{1}{2\pi} \lim_{T \to \infty} \int_{-T}^{T} \frac{e^{-itx_1} - e^{-itx_2}}{it} \phi(t) dt.$$

特别地,如果 x_1 和 x_2 是 $F(x)$ 的连续点,则有

$$F(x_2) - F(x_1) = \frac{1}{2\pi} \lim_{T \to \infty} \int_{-T}^{T} \frac{e^{-itx_1} - e^{-itx_2}}{it} \phi(t) dt.$$

⑦ 唯一性定理:随机变量 X 的分布函数 $F(x)$ 由它的特征函数 $\phi(t)$ 唯一确定.

⑧ 若随机变量 X 的特征函数 $\phi(t)$ 在 $\mathbb{R}$ 上绝对可积,即 $\int_{-\infty}^{+\infty} |\phi(t)| dt < \infty$,则 $F'(x)$ 在 $\mathbb{R}$ 上存在且有界、连续,对 $x \in \mathbb{R}$,有

$$F'(x) = \frac{1}{2\pi} \int_{-\infty}^{+\infty} \mathrm{e}^{-\mathrm{i}tx} \phi(t) \,\mathrm{d}t.$$

⑨Bochner-Khintchine(波赫纳—辛欣)定理:函数 $\phi(t)$ 是特征函数的充要条件是 $\phi(t)$ 连续、非负定且 $\phi(0) = 1$.

4)Fourier(傅立叶)变换

式子

$$\mathscr{F}[f(t)] = F(\omega) = \int_{-\infty}^{+\infty} f(t) \mathrm{e}^{-\mathrm{i}t\omega} \,\mathrm{d}t \tag{1.2}$$

称为函数 $f(t)$ 的 Fourier 变换,其反变换为

$$f(t) = \mathscr{F}^{-1}[F(\omega)] = \frac{1}{2\pi} \int_{-\infty}^{+\infty} F(\omega) \mathrm{e}^{\mathrm{i}t\omega} \,\mathrm{d}\omega, \tag{1.3}$$

其中, $f(t)$ 满足 Fourier 积分条件:

① $f(t)$ 在任意有限区间 $[a,b]$ 上满足 Dirichlet(狄利克雷)条件,即 $f(t)$ 在 $[a,b]$ 上连续或只有有限个第一类间断点,且至多只有有限个极值点;

② $f(t)$ 在 $(-\infty,\infty)$ 上绝对可积.

Fourier 变换的性质:

①线性性质

$$\mathscr{F}[\alpha f_1(t) + \beta f_2(t)] = \alpha F_1(\omega) + \beta F_2(\omega);$$

②位移性质

$$\mathscr{F}[f(t \pm t_0)] = \mathrm{e}^{\pm \mathrm{i}\omega t_0} \mathscr{F}[f(t)];$$

③微分性质

$$\mathscr{F}[f'(t)] = \mathrm{i}\omega \mathscr{F}[f(t)],$$

其中, $f(t)$ 在 $\mathbb{R}$ 上连续或只有有限个可去间断点,且 $\lim\limits_{|t| \to \infty} f(t) = 0$;

④积分性质

$$\mathscr{F}\left[\int_{-\infty}^{t} f(v) \,\mathrm{d}v\right] = \frac{1}{\mathrm{i}\omega} \mathscr{F}[f(t)],$$

其中,

$$\lim_{t \to +\infty} \int_{-\infty}^{t} f(v) \,\mathrm{d}v = 0;$$

⑤能量积分(也称为 Parseval(帕塞瓦尔恒)等式)

$$\int_{-\infty}^{+\infty} [f(t)]^2 \,\mathrm{d}t = \frac{1}{2\pi} \int_{-\infty}^{+\infty} |F(\omega)|^2 \,\mathrm{d}\omega = \frac{1}{2\pi} \int_{-\infty}^{+\infty} S(\omega) \,\mathrm{d}\omega.$$

⑥卷积定理:

若函数 $f_i(t)(i = 1,2,\cdots,n)$ 满足 Fourier 积分条件,则

$$\mathscr{F}[f_1(t)*f_2(t)] = F_1(\omega)\cdot F_2(\omega),$$

$$\mathscr{F}^{-1}[F_1(\omega)\cdot F_2(\omega)] = f_1(t)*f_2(t),$$

$$\mathscr{F}\Big[\prod_{i=1}^{n}f_i(t)\Big] = \frac{1}{(2\pi)^{n-1}}F_1(\omega)*F_2(\omega)*\cdots*F_n(\omega).$$

5)Laplace(拉普拉斯)变换

设随机变量 X 的分布函数为 $F(x)$,则称

$$\widetilde{F}(s) = \int_0^{+\infty}\mathrm{e}^{-st}\mathrm{d}F(t) \tag{1.4}$$

为 Laplace 变换,其中,$s = a + \mathrm{i}b(a > 0)$ 为复数;称

$$f(t) = \mathscr{L}^{-1}[F(s)] = \frac{1}{2\pi\mathrm{i}}\int_{\beta-\mathrm{i}\infty}^{\beta+\mathrm{i}\infty}F(s)\mathrm{e}^{st}\mathrm{d}s, \quad t > 0 \tag{1.5}$$

为 Laplace 逆变换.

这里的 $f(t)$ 仅要求满足 Laplace 积分条件:

①$f(t)$ 在任意有限区间 $[a,b](a > 0)$ 上分段连续;

②$t \to +\infty$ 时,存在常数 $M > 0, c \geqslant 0$,使得 $|f(t)| \leqslant M\mathrm{e}^{ct}$.

Laplace 变换的性质:

①线性性质

$$\mathscr{L}[\alpha f_1(t) + \beta f_2(t)] = \alpha\mathscr{L}[f_1(t)] + \beta\mathscr{L}[f_2(t)],$$

$$\mathscr{L}^{-1}[\alpha F_1(s) + \beta F_2(s)] = \alpha\mathscr{L}^{-1}[F_1(s)] + \beta\mathscr{L}^{-1}[F_2(s)];$$

②位移性质

$$\mathscr{L}[\mathrm{e}^{at}f(t)] = F(s-a);$$

③微分性质

$$\mathscr{L}[f'(t)] = sF(s) - f(0);$$

④积分性质

$$\mathscr{L}\Big[\int_{-\infty}^{t}f(v)\mathrm{d}v\Big] = \frac{1}{s}F(s);$$

⑤延迟性质,若 $t < 0$ 时,$f(t) = 0$,则对任意 $\tau \geqslant 0$,有

$$\mathscr{F}[f(t-\tau)] = \mathrm{e}^{-s\tau}F(s),$$

$$\mathscr{L}^{-1}[\mathrm{e}^{-s\tau}F(s)] = f(t-\tau).$$

9. n 维正态分布

设 n 维随机变量 $X = (X_1, X_2, \cdots, X_n)$ 的概率密度为

$$f(X) = \frac{1}{(2\pi)^{\frac{n}{2}} |B^{-1}|^{\frac{1}{2}}} \exp\left\{ -\frac{1}{2}(x-a)^{\mathrm{T}} B^{-1}(x-a) \right\},$$

其中, 对称非负定矩阵 $B = [b_{ij}]$ 是 X 的协方差矩阵, $a = (a_1, a_2, \cdots, a_n)^{\mathrm{T}} = EX$ 是一实值列向量, $x = (x_1, x_2, \cdots, x_n)^{\mathrm{T}}$. 则称随机变量 X 服从 n 维正态分布, 记为 $X \sim N(a, B)$.

n 维正态分布的性质如下.

①若 $X \sim N(a, B)$, 则 X 的特征函数为

$$\phi(t) = \exp\left\{ \mathrm{i}a^{\mathrm{T}} t - \frac{1}{2} t^{\mathrm{T}} Bt \right\}.$$

②若 $X \sim N(a, B)$, 则

$$E(X_k) = a_k, \mathrm{Cov}(X_k, X_l) = b_{kl}, \quad k, l = 1, 2, \cdots, n.$$

③n 维正态随机变量的各分量相互独立, 当且仅当它们两两不相关时.

④若 $X \sim N(a, B)$, C 是 $m \times n$ 矩阵, 则

$$Y = CX \sim N(Ca, CBC^{\mathrm{T}}).$$

⑤$X \sim N(a, B)$ 的充分必要条件是 X 各分量的任一线性组合 $Y = \sum_{j=1}^{n} l_j X_j$ 服从一维正态分布 $N\left(\sum_{j=1}^{n} l_j a_j, \sum_{j,k=1}^{n} l_j l_k b_{jk} \right)$.

1.2　习题解答

1. Ω 是样本空间, $\mathscr{A}$ 是由 Ω 的一些子集构成的集类.

(1) 记 $\sigma(\mathscr{A}) := \cap\{\mathscr{F} | \mathscr{F}$ 是一个事件域且 $\mathscr{F} \supseteq \mathscr{A}\}$, 证明 $\sigma(\mathscr{A})$ 为一个事件域.

(2) 我们称 $\sigma(\mathscr{A})$ 为 $\mathscr{A}$ 生成的事件域, 试证明 $\sigma(\mathscr{A})$ 是包含集类 $\mathscr{A}$ 的最小的事件域.

(3) 设 $A, B \subset \Omega$, $\mathscr{A} = \{A, B\}$, 试写出 $\sigma(\mathscr{A})$ 中所有元素.

证明　(1) (i) 对每个事件域 $\mathscr{F} \supseteq \mathscr{A}$, 全集 $\Omega \in \mathscr{F}$, 因此 $\Omega \in \sigma(\mathscr{A})$.

(ii) 对 $A \in \sigma(\mathscr{A})$, 则 $A \in \mathscr{F}$ 对每个事件域 $\mathscr{F} \supseteq \mathscr{A}$, 因此有 $\bar{A} \in \mathscr{F}$, 从而有

$\overline{A} \in \sigma(\mathscr{A})$.

(iii) 对于任意可列集 $A_i \in \sigma(\mathscr{A})$，则 $A_i \in \mathscr{F}, i = 1, 2, \cdots$，故对每个事件域 $\mathscr{F} \supseteq \mathscr{A}$，因此有 $\cup_i A_i \in \mathscr{F}$，有 $\cup_i A_i \in \sigma(\mathscr{A})$.

$\sigma(\mathscr{A})$ 满足 (i)，(ii) 和 (iii)，因此为一个事件域.

(2) 设事件域 $\mathscr{G}$ 是包含 $\mathscr{A}$ 的最小的事件域，则根据 $\sigma(\mathscr{A})$ 的定义，有 $\mathscr{G} \supseteq \sigma(\mathscr{A})$. 另一方面，由 (1)，$\sigma(\mathscr{A})$ 也是包含 $\mathscr{A}$ 的事件域，因而由于 $\mathscr{G}$ 是包含 $\mathscr{A}$ 的最小的事件域，$\mathscr{G} \subseteq \sigma(\mathscr{A})$. 所以 $\mathscr{G} = \sigma(\mathscr{A})$.

(3) $\{\Omega, \varnothing, A, B, \overline{A}, \overline{B}, AB, A\overline{B}, \overline{A}B, \overline{A}\overline{B}, A \cup B, \overline{A} \cup B, A \cup \overline{B}, \overline{A} \cup \overline{B}, \overline{A} \cup B, AB \cup \overline{A}\overline{B}, A\overline{B} \cup \overline{A}B\}$.

2. (1) 设事件 A, B 独立，证明事件 $\overline{A}$ 与 B 独立，$\overline{A}$ 与 $\overline{B}$ 独立；

(2) 设事件 A, B, C 相互独立，证明事件 $A\overline{B}$，$A \cup B$ 都与 C 独立.

证明 (1) $P(\overline{A} \cap B) = P(B) - P(A \cap B) = P(B) - P(A)P(B)$
$$= P(B)[1 - P(A)] = P(B)P(\overline{A}),$$

同理 $P(\overline{A} \cap \overline{B}) = P(\overline{A})P(\overline{B})$.

(2) 由于 A, B, C 相互独立，AC 与 B 独立，由 (1)，AC 与 $\overline{B}$ 独立.
$$P(A\overline{B} \cap C) = P(AC)P(\overline{B}) = P(A)P(C)P(\overline{B}) = P(A\overline{B})P(C).$$

同理可知，A 与 $\overline{B}C$ 独立，进而 $\overline{A}$ 与 $\overline{B}C$ 独立.
$$P[(\overline{A} \cap \overline{B}) \cap C] = P(\overline{A})P(\overline{B}C) = P(\overline{A})P(\overline{B})P(C) = P(\overline{A} \cap \overline{B})P(C),$$

因此 $\overline{A} \cap \overline{B}$ 与 C 独立，进而 $A \cup B$ 与 C 独立.

3. (1) X 为连续型随机变量，其分布函数为 $F(x)$，试求随机变量 $F(X)$ 的分布函数；

(2) 设随机变量 Y 服从 $[0,1]$ 上的均匀分布，$F(x)$ 为一个分布函数，试求 $F^{-1}(Y)$ 的分布函数.

证明 (1) $F(X)$ 的分布函数
$$G(x) = P[F(X) \leqslant x] = P[X \leqslant F^{-1}(x)] = F[F^{-1}(x)] = x, \quad x \in [0,1].$$
即 G 是 $[0,1]$ 上服从均匀分布的分布函数.

(2) $F^{-1}(Y)$ 的分布函数 $H(x) = P[F^{-1}(Y) \leqslant x] = P[Y \leqslant F(x)] = F(x)$.

4. 将一枚硬币随机抛掷 N 次，N 服从参数为 λ 的 Poisson（泊松）分布. 设硬币出现正面的概率为 p，出现反面的概率为 $q = 1 - p$，记 X 和 Y 分别表示 N 次抛掷中出现正面和出现反面的次数.

(1) 求 X 与 Y 的分布.

(2) X 与 Y 是否相互独立?

解 (1)对正整数 k,由全概率公式

$$P(X = k) = \sum_{m=k}^{\infty} P(X = k \mid N = m) P(N = m)$$

$$= \sum_{m=k}^{\infty} C_m^k p^k q^{m-k} e^{-\lambda} \frac{\lambda^m}{m!} = e^{-\lambda p} \frac{(\lambda p)^k}{k!}.$$

对正整数 l,由全概率公式

$$P(Y = l) = \sum_{m=l}^{\infty} P(Y = l \mid N = m) P(N = m)$$

$$= \sum_{m=l}^{\infty} C_m^k q^l p^{m-l} e^{-\lambda} \frac{\lambda^m}{m!} = e^{-\lambda q} \frac{(\lambda q)^l}{l!}.$$

(2)

$$P(X = k, Y = l) = P(X = k, Y = l \mid N = k + l) P(N = k + l)$$

$$= C_{k+l}^k p^k q^l e^{-\lambda} \frac{\lambda^{k+l}}{(k+l)!}$$

$$= \frac{(k+l)!}{k! \, l!} p^k q^l e^{-\lambda} \frac{\lambda^{k+l}}{(k+l)!}$$

$$= e^{-\lambda p} \frac{(\lambda p)^k}{k!} e^{-\lambda q} \frac{(\lambda q)^l}{l!} = P(X = k) P(Y = l),$$

因此,X 与 Y 相互独立.

5. 设随机变量 X, Y 相互独立且都服从正态分布 $N(0,1)$,求 $E(\max\{X,Y\})$ 和 $E(\min\{X,Y\})$.

解 (1)设 $Z = \max\{X,Y\}$,Z 的分布函数

$$F_Z(z) = P(\max\{X,Y\} \leqslant z) = P(X \leqslant z, Y \leqslant z) = P(X \leqslant z) P(Y \leqslant z) = [F_X(z)]^2.$$

Z 的密度函数 $f_Z(z) = 2F_X(z)f_X(z)$. 因此

$$E(Z) = \int_{-\infty}^{\infty} z f_Z(z) \, \mathrm{d}z = 2 \int_{-\infty}^{\infty} z F_X(z) f_X(z) \, \mathrm{d}z$$

$$= 2 \int_{-\infty}^{\infty} \int_{-\infty}^{z} z f_X(z) f_X(t) \, \mathrm{d}t \mathrm{d}z$$

$$= 2 \int_{-\infty}^{\infty} f_X(t) \, \mathrm{d}t \int_{t}^{\infty} z f_X(z) \, \mathrm{d}z$$

$$= 2 \int_{-\infty}^{\infty} f_X(t) \, \mathrm{d}t \int_{t}^{\infty} z \frac{1}{\sqrt{2\pi}} e^{-\frac{z^2}{2}} \, \mathrm{d}z$$

$$= 2 \int_{-\infty}^{\infty} f_X(t) \frac{1}{\sqrt{2\pi}} e^{-\frac{t^2}{2}} \, \mathrm{d}t$$

$$= \frac{1}{\pi} \int_{-\infty}^{\infty} e^{-t^2} dt = \frac{1}{\sqrt{\pi}}.$$

（2）设 $W = \min\{X,Y\}$，则 $1 - F_W(w) = P(\min\{X,Y\} > w) = P(X > w, Y > w)$
$= P(X > w)P(Y > w) = [1 - F_X(w)]^2.$

因此 W 的密度函数

$$f_W(w) = 2[1 - F_X(w)]f_X(w).$$

$$E(W) = 2\int_{-\infty}^{\infty} w[1 - F_X(w)]f_X(w)dw = 2\int_{-\infty}^{\infty} \int_w^{\infty} wf_X(t)f_X(w)dtdw$$

$$= 2\int_{-\infty}^{\infty} f_X(t)dt\int_{-\infty}^{t} wf_X(w)dw = -\frac{1}{\pi}\int_{-\infty}^{\infty} e^{-t^2}dt = -\frac{1}{\sqrt{\pi}}.$$

6. 设随机变量 $X \sim N(0,1)$，试求 $X \geqslant 1$ 时 X 的条件概率密度，并计算 $E(X|X \geqslant 1)$.

解　当 $x > 1$ 时，条件分布函数

$$P(X \leqslant x | X \geqslant 1) = \frac{P(X \leqslant x, X \geqslant 1)}{P(X \geqslant 1)} = \frac{1}{P(X \geqslant 1)}\int_1^x f_X(t)dt,$$

当 $x \leqslant 1$ 时，条件分布函数 $P(X \leqslant x | X \geqslant 1) = 0$.

因而条件密度函数

$$f(x|X > 1) = \begin{cases} \dfrac{1}{\sqrt{2\pi}P(X \geqslant 1)}e^{-\frac{x^2}{2}}, & x > 1, \\[2mm] 0, & x \leqslant 1, \end{cases}$$

$$E(X|X \geqslant 1) = \frac{1}{\sqrt{2\pi}P(X \geqslant 1)}\int_1^{\infty} xe^{-\frac{x^2}{2}}dx = \frac{e^{-\frac{1}{2}}}{\sqrt{2\pi}P(X \geqslant 1)}.$$

7. 设 X,Y,Z 为 Ω 上的离散型随机变量，类比 1.1 节"条件数学期望"内容，可知

$$\omega \in \Omega \longmapsto E[X|Y = Y(\omega), Z = Z(\omega)]$$

为一个随机变量，记为 $E(X|Y,Z)$.

试证明当 $E(|X|) < \infty$ 时，$E[E(X|Y,Z)|Y] = E(X|Y) = E[E(X|Y)|Y,Z]$.

证明

$$E[E(X|Y,Z)|Y = y] = \sum_i \sum_j E(X|Y = y_i, Z = z_j)P(Y = y_i, Z = z_j|Y = y)$$

$$= \sum_j E(X|Y = y, Z = z_j)P(Z = z_j|Y = y)$$

$$= \sum_j \sum_k x_k P(X = x_k|Y = y, Z = z_j)P(Z = z_j|Y = y)$$

$$= \sum_k x_k P(X = x_k|Y = y) = E(X|Y = y).$$

其他类似.

8. 设在底层乘电梯的人数服从均值为 10 的 Poisson 分布,又设此楼共有 $N+1$ 层,每位乘客在每一层要求停下离开的概率是等可能的,且与其他乘客是否在这一层离开相互独立. 求在所有乘客都走出电梯之前,该电梯所停次数的期望值.

解 设电梯所停的次数为 X,在底层上电梯的人数为 Y,$Y \sim P(10)$. 对于楼层 $k(2 \leq k \leq N+1)$,设 $X_k = \begin{cases} 1, & \text{电梯在 } k \text{ 层停,} \\ 0, & \text{电梯在 } k \text{ 层没停,} \end{cases}$ 则 $X = \sum_{k=2}^{N+1} X_k$,且

$$P(X_k = 1 \mid Y = m) = 1 - P(X_k = 0 \mid Y = m)$$

$$= 1 - P(\text{底层上电梯 } m \text{ 人时,没有人在 } k \text{ 层下})$$

$$= 1 - \prod_{i=1}^{m} P(\text{第 } i \text{ 个人在 } k \text{ 层没下})$$

$$= 1 - \left(1 - \frac{1}{N}\right)^m.$$

$$E(X) = \sum_{m=0}^{+\infty} E(X \mid Y = m) \cdot P(Y = m)$$

$$= \sum_{m=0}^{+\infty} \sum_{k=2}^{N+1} E(X_k \mid Y = m) \cdot P(Y = m)$$

$$= \sum_{m=0}^{+\infty} \sum_{k=2}^{N+1} P(X_k = 1 \mid Y = m) \cdot P(Y = m)$$

$$= \sum_{m=0}^{+\infty} N \left[1 - \left(1 - \frac{1}{N}\right)^m\right] \frac{10^m \mathrm{e}^{-10}}{m!}$$

$$= N \cdot \mathrm{e}^{-10} \cdot \left[\sum_{m=0}^{+\infty} \frac{10^m}{m!} - \sum_{m=0}^{+\infty} \frac{10^m \cdot \left(1 - \frac{1}{N}\right)^m}{m!}\right]$$

$$= N \cdot \mathrm{e}^{-10} \cdot [\mathrm{e}^{10} - \mathrm{e}^{10(1 - \frac{1}{N})}]$$

$$= N(1 - \mathrm{e}^{-\frac{10}{N}}).$$

9. 设随机变量 X_1, X_2, X_3 独立同正态分布 $N(\mu, \sigma^2)$. 令 $Y_1 = X_1 + X_2$,$Y_2 = 2X_1 - X_3$,求 2 维随机向量 (Y_1, Y_2) 的特征函数.

解 (Y_1, Y_2) 的特征函数

$$\phi(t_1,t_2) = E\left[e^{i(t_1Y_1+t_2Y_2)}\right] = E\left[e^{i(t_1+2t_2)X_1}e^{it_1X_2}e^{-it_2X_3}\right]$$

$$= \phi_{X_1}(t_1+2t_2)\phi_{X_2}(t_1)\phi_{X_3}(-t_2)$$

$$= e^{i\mu(t_1+2t_2)-\frac{\sigma^2}{2}(t_1+2t_2)^2}e^{i\mu(t_1)-\frac{\sigma^2}{2}(t_1)^2}e^{i\mu(-t_2)-\frac{\sigma^2}{2}(-t_2)^2}$$

$$= e^{i\mu(2t_1+t_2)-\frac{\sigma^2}{2}(2t_1^2+4t_1t_2+5t_2^2)}.$$

10. 设 $X,X_n,n=1,2,\cdots$，为 Ω 上的随机变量.

（1）证明等式

$$\left\{\omega:\lim_{n\to\infty}X_n(\omega)=X(\omega)\right\} = \bigcap_{N=1}^{\infty}\bigcup_{K=1}^{\infty}\bigcap_{n=K}^{\infty}\left\{\omega:|X_n(\omega)-X(\omega)|<\frac{1}{N}\right\};$$

（2）利用（1）的结论，试证明 $\{X_n\}$ 几乎处处收敛到 X，则有 $\{X_n\}$ 依概率收敛到 X.

证明 （1）$\omega_0\in\{$左$\}$，则数列 $X_n(\omega_0)$ 收敛到极限 $X(\omega_0)$. 即对任意 $N>0$，存在 $K>0$，使得任意 $n\geq K$，有 $|X_n(\omega_0)-X(\omega_0)|<\frac{1}{N},\omega_0\in\{$右$\}$.

因此 $\{$左$\}\subset\{$右$\}$.

$\omega_0\in\{$右$\}$，对任意 $N>0$，存在 $K>0$，使得任意 $n\geq K$ 有 $|X_n(\omega_0)-X(\omega_0)|<\frac{1}{N}$. 对任意 $\epsilon>0$，有正整数 $\frac{1}{N}<\epsilon$，存在 $K>0$，使得对任意 $n\geq K$ 有 $|X_n(\omega_0)-X(\omega_0)|<\frac{1}{N}<\epsilon$，因此数列 $X_n(\omega_0)$ 收敛到极限 $X(\omega_0)$，所以 $\omega_0\in\{$左$\}$.

因此 $\{$右$\}\subset\{$左$\}$.

故 $\{$右$\}=\{$左$\}$.

（2）设随机变量序列 $\{X_n\}$ 几乎处处收敛到 X. 由（1）有

$$P\left[\left\{\omega:\lim_{n\to\infty}X_n(\omega)=X(\omega)\right\}\right] = P\left(\bigcap_{N=1}^{\infty}\bigcup_{K=1}^{\infty}\bigcap_{n=K}^{\infty}\left\{\omega:|X_n(\omega)-X(\omega)|<\frac{1}{N}\right\}\right)=1.$$

设 $A_N=\bigcup_{K=1}^{\infty}\bigcap_{n=K}^{\infty}\left\{\omega:|X_n(\omega)-X(\omega)|<\frac{1}{N}\right\}$，$A_{N+1}\subseteq A_N$，$\{A_N\}$ 为单调递减集合列，所以 $P(A_N)=1$. 则固定任意 $N>0$，有

$$P\left(\bigcap_{K=1}^{\infty}\bigcup_{n=K}^{\infty}\left\{|X_n-X|\geq\frac{1}{N}\right\}\right)=0,$$

$$\lim_{K\to\infty}P\left(\bigcup_{n=K}^{\infty}\left\{|X_n-X|\geq\frac{1}{N}\right\}\right)=0.$$

又由于 $0\leq P\left(\left\{|X_K-X|\geq\frac{1}{N}\right\}\right)\leq P\left(\bigcup_{n=K}^{\infty}\left\{|X_n-X|\geq\frac{1}{N}\right\}\right)$，由迫敛准则，

$$\lim_{K\to\infty} P(\{|X_K - X| > \frac{1}{N}\}) = 0.$$

由此可知 $\{X_n\}$ 依概率收敛到 X.

11. 设 $X_1, X_2, \cdots, X_n, \cdots$ 是相互独立的随机变量序列,且都服从区间 $[a,b]$ 上的均匀分布,$f(x)$ 是定义在 $[a,b]$ 上的连续函数. 证明

$$\frac{b-a}{n} \sum_{k=1}^{n} f(X_k) \xrightarrow{P} \int_a^b f(x)\,dx.$$

证明 提示:利用 Chebyshev(切比雪夫)不等式可证.

12. 试证,概率定义中三个要求:

(a) $P(A) \geqslant 0$, $\forall A \in \mathscr{F}$;

(b) $P(\Omega) = 1$;

(c) 若 $A_i \in \mathscr{F}, i=1,2,\cdots, A_i A_j = \varnothing, i \neq j$, 则 $P(\sum_i A_i) = \sum_i P(A_i)$.

等价于两个要求:

(i) $P(A) \geqslant 0$, $\forall A \in \mathscr{F}$;

(ii) 若 $A_i \in \mathscr{F}, i=1,2,\cdots, A_i A_j = \varnothing, i \neq j$, 且 $\sum_i A_i = \Omega$, 则 $\sum_i P(A_i) = 1$.

证明 (a)与(i)等价.

由(a)(b)(c) $\Rightarrow$ (ii).

若 $A_i \in \mathscr{F}, i=1,2,\cdots, A_i A_j = \varnothing, i \neq j$, 且 $\sum_i A_i = \Omega$. 则由(c),

$$\sum_i P(A_i) = P(\sum_i A_i),$$

由 $\sum_i A_i = \Omega$ 和条件(b), $P(\sum_i A_i) = P(\Omega) = 1$. 所以有 $\sum_i P(A_i) = 1$, (ii)得证.

由(i)(ii) $\Rightarrow$ (b)(c).

首先, 设 $A_1 = \Omega$, $A_i = \varnothing, i=2,3,\cdots$, 则 $A_i \in \mathscr{F}, i=1,2,\cdots, A_i A_j = \varnothing, i \neq j$, 且 $\sum_i A_i = \Omega$, 由(ii),$1 = \sum_i P(A_i) = P(\Omega) + P(\varnothing) + P(\varnothing) + \cdots = P(\Omega)$, (b) 得证.

其次,若 $A_i \in \mathscr{F}, i=1,2,\cdots, A_i A_j = \varnothing, i \neq j$, 设 $A_0 = (\sum_i A_i)^c$, 因 $A_0, \sum_i A_i, \varnothing,$ $\cdots$ 为一列两两不相交且并为 Ω 的集合列,由(ii),

$$1 = P(A_0) + P(\sum_i A_i) + P(\varnothing) + \cdots = P(A_0) + P(\sum_i A_i), \qquad (*)$$

又有 $A_0, A_1, A_2, \cdots \in \mathscr{F}$, 两两不相交,且 $A_0 \cup A_1 \cup A_2 \cup \cdots = \Omega$, 由(ii),

$$1 = P(A_0) + \sum_i P(A_i). \qquad (**)$$

因此，由（∗）（∗∗），得 $\sum_i P(A_i) = P(\sum_i A_i)$．（c）得证．

13. 98% 的婴儿分娩是安全的，分娩的婴儿中有 15% 是剖宫产的. 当采用剖宫产时, 安全的概率是 96%. 随机选择一个采用非剖宫产的孕妇, 求其婴儿安全的概率.

解　设 $A =$｛婴儿是剖宫产｝, $B =$｛婴儿安全｝.

由全概率公式

$$P(B) = P(B|A)P(A) + P(B|\bar{A})P(\bar{A}),$$

因此代入数据 $0.98 = 0.96 \times 0.15 + P(B|\bar{A}) \times (1 - 0.15)$, 最后有 $P(B|\bar{A}) = 98.4\%$.

14. 假设一副 52 张的纸牌洗好后扣在桌子上, 每次翻开一张, 直到出现第一张 A. 已知第一张 A 出现在第 20 次翻牌, 问接下来的第 21 张牌是以下牌的条件概率:

(1) 黑桃 A; (2) 梅花 2.

证明

(1) 当第一张 A 出现在第 20 次翻牌时, 前 19 张是 $52 - 4 = 48$ 张牌可排列, 第 20 张牌是 4 张 A 中的一张, 20 张之后的牌就是 $52 - 20 = 32$ 张牌的排列. 所以

$$P(\text{第一张 A 出现在第 20 次翻牌}) = \frac{48 \times 47 \times \cdots \times 30 \times 4 \times 32!}{52!}.$$

当第一张 A 出现在第 20 次翻牌, 且下一张牌是黑桃 A 时, 前 19 张是 $52 - 4 = 48$ 张牌的排列, 第 20 张牌是 3 张 A 中的一张, 第 21 张牌只能是黑桃 A, 第 21 张牌之后的牌就是 $52 - 21 = 31$ 张牌的排列, 所以

$$P(\text{第一张 A 出现在第 20 次翻牌,且下一张牌是黑桃 A}) = \frac{48 \times 47 \times \cdots \times 30 \times 3 \times 31!}{52!},$$

因此

$$P(\text{第 21 张牌是黑桃 A|第一张 A 出现在第 20 次翻牌})$$

$$= \frac{P(\text{第一张 A 出现在第 20 次翻牌,且下一张牌是黑桃 A})}{P(\text{第一张 A 出现在第 20 次翻牌})}$$

$$= \frac{3}{4 \times 32} = \frac{3}{128}.$$

(2) 当第一张 A 出现在第 20 次翻牌, 且下一张牌是梅花 2 时, 前 19 张不是 A 不是梅花 2, 是 $52 - 5 = 47$ 张牌的排列, 第 20 张牌是 4 张 A 中的一张, 第 21 张牌只能是梅花 2, 第 21 张之后的牌就是 $52 - 21 = 31$ 张牌的排列, 所以

$P($第一张 A 出现在第 20 次翻牌, 且下一张牌是梅花 2$) = \dfrac{47 \times 46 \times \cdots \times 29 \times 4 \times 31!}{52!}$,

因此

$P($第 21 张牌是梅花 2 | 第一张 A 出现在第 20 次翻牌$)$

$= \dfrac{P(\text{第一张 A 出现在第 20 次翻牌, 且下一张牌是梅花 2})}{P(\text{第一张 A 出现在第 20 次翻牌})}$

$= \dfrac{29}{48 \times 32} = \dfrac{29}{1\,536}.$

15. 随机变量 X 的密度函数

$$f(x) = \begin{cases} \dfrac{10}{x^2}, & x > 10, \\ 0, & x \leqslant 10. \end{cases}$$

求: $(1) P(X > 20)$; $(2) X$ 的分布函数.

解 $(1) P(X > 20) = \displaystyle\int_{20}^{\infty} f(x)\,\mathrm{d}x = \int_{20}^{\infty} \dfrac{10}{x^2}\mathrm{d}x = \dfrac{1}{2}.$

(2) 当 $x < 10$ 时, $F(x) = \displaystyle\int_{-\infty}^{x} f(t)\,\mathrm{d}t = 0.$

当 $x \geqslant 10$ 时, $F(x) = \displaystyle\int_{-\infty}^{x} f(t)\,\mathrm{d}t = \int_{10}^{x} \dfrac{10}{t^2}\mathrm{d}t = 1 - \dfrac{10}{x}.$

16. X, Y 都服从 $(0,1)$ 上的均匀分布, 且相互独立, 求 $E(|X - Y|)$; $\mathrm{Var}(|X - Y|)$.

解 随机向量 (X, Y) 的联合密度函数 $f(x,y) = f_X(x) f_Y(y) = 1$, $x, y \in (0,1)$.

$E(|X - Y|) = \displaystyle\int_{-\infty}^{\infty} \int_{-\infty}^{\infty} |x - y| f(x,y)\,\mathrm{d}x\mathrm{d}y = \int_0^1 \int_0^1 |x - y|\,\mathrm{d}x\mathrm{d}y$

$= \displaystyle\int_0^1 \mathrm{d}x \int_0^x (x - y)\,\mathrm{d}y + \int_0^1 \mathrm{d}x \int_x^1 (y - x)\,\mathrm{d}y$

$= \displaystyle\int_0^1 \dfrac{x^2}{2}\mathrm{d}x + \int_0^1 \left[\dfrac{1 - x^2}{2} - x(1 - x) \right]\mathrm{d}x = \dfrac{1}{3}.$

$E(|X - Y|^2) = \displaystyle\int_{-\infty}^{\infty} \int_{-\infty}^{\infty} |x - y|^2 f(x,y)\,\mathrm{d}x\mathrm{d}y = \int_0^1 \int_0^1 |x - y|^2\,\mathrm{d}x\mathrm{d}y$

$= \displaystyle\int_0^1 \int_0^1 (x^2 - 2xy + y^2)\,\mathrm{d}x\mathrm{d}y = \dfrac{1}{6}.$

$\mathrm{Var}(|X - Y|) = E(|X - Y|^2) - [E(|X - Y|)]^2 = \dfrac{1}{6} - \dfrac{1}{9} = \dfrac{1}{18}.$

17. 设 $X \sim P(\lambda_1)$, $Y \sim P(\lambda_2)$, X, Y 相互独立, 求 $X + Y$ 的特征函数及其分布.

解 X 的特征函数 $\phi_X(t) = \sum_{m=0}^{\infty} e^{itm} e^{-\lambda_1} \frac{\lambda_1^m}{m!} = e^{\lambda_1(e^{it}-1)}$.

同理可证 Y 的特征函数 $\phi_Y(t) = e^{\lambda_2(e^{it}-1)}$. 由于 X,Y 相互独立，$X+Y$ 的特征函数

$$\phi_{X+Y}(t) = \phi_X(t)\phi_Y(t) = e^{\lambda_1(e^{it}-1)} e^{\lambda_2(e^{it}-1)} = e^{(\lambda_1+\lambda_2)(e^{it}-1)}.$$

由特征函数与分布一一对应，有 $X+Y \sim P(\lambda_1+\lambda_2)$.

18. 若 $X \sim N(\mu,\sigma^2)$，试求 $E[(X-\mu)^k]$，$k \in \mathbb{Z}^+$.

解 $Y = X - \mu$，$Y \sim N(0,\sigma^2)$，则 Y 的特征函数 $\phi_Y(t) = E(e^{itY}) = e^{-\frac{\sigma^2}{2}t^2}$.

由泰勒公式，

$$\phi_Y(t) = \sum_{k=0}^{\infty} \frac{\phi^{(k)}(0)}{k!}t^k = \sum_{l=0}^{\infty} \frac{1}{l!}(-\frac{\sigma^2}{2})^l t^{2l}.$$

又对特征函数求 k 阶导数，在 $t=0$ 时，$\phi^{(k)}(0) = i^k E(Y^k)$.

因此

$$E[(X-\mu)^k] = E(Y^k) = (-i)^k\phi^{(k)}(0) = \begin{cases} 0, & k \text{ 为奇数}, \\ (-i)^k \dfrac{k!}{(\frac{k}{2})!}(-\frac{\sigma^2}{2})^{\frac{k}{2}} = \sigma^k(k-1)!!, & k \text{ 为偶数} \end{cases}$$

19. $(X,Y) \sim N(1,9;0,16;-0.5)$（即 (X,Y) 满足二元正态分布，且 $X \sim N(1,9)$，$Y \sim N(0,16)$，$\rho_{XY} = -0.5$），设 $Z = \frac{X}{3} + \frac{Y}{2}$. 求：

（1）Z 的期望、方差；

（2）X,Z 的相关系数；

（3）X,Z 是否独立？

解 （1）$E(Z) = \frac{1}{3}E(X) + \frac{1}{2}E(Y) = \frac{1}{3}$.

$$\begin{aligned} \text{Var}(Z) &= \frac{1}{9}\text{Var}(X) + \frac{1}{4}\text{Var}(Y) + \frac{1}{3}\text{Cov}(X,Y) \\ &= \frac{1}{9}\text{Var}(X) + \frac{1}{4}\text{Var}(Y) + \frac{1}{3}\sqrt{\text{Var}(X)\text{Var}(Y)}\rho_{XY} \\ &= \frac{1}{9} \times 9 + \frac{1}{4} \times 16 - \frac{1}{6} \times 3 \times 4 = 3. \end{aligned}$$

（2）$\text{Cov}(X,Z) = \frac{1}{3}\text{Var}(X) + \frac{1}{2}\text{Cov}(X,Y) = 3 - 3 = 0.$

$$\rho_{XZ} = 0.$$

(3) 由于

$$\binom{X}{Z} = \begin{pmatrix} 1 & 0 \\ 1/3 & 1/2 \end{pmatrix}\binom{X}{Y},$$

(X,Z) 为 2 维正态随机向量. 由于 X,Z 不相关, 所以 X,Z 独立.

20. 证明: 如果随机变量序列 X_n 依分布收敛于常数 C, 则有 X_n 依概率收敛于常数 C.

证明 X_n 依分布收敛于常数 C, 有

$$\lim_{n\to\infty} P(X_n \leqslant x) = \begin{cases} 0, & x < C, \\ 1, & x > C. \end{cases}$$

对任意 $\epsilon > 0$, 当 $n \to \infty$ 时,

$$P(|X_n - C| > \epsilon) = P(X_n > C + \epsilon) + P(X_n < C - \epsilon)$$
$$= 1 - P(X_n \leqslant C + \epsilon) + P(X_n < C - \epsilon) \to 0,$$

因此 X_n 依概率收敛于常数 C.

Chapter 2　随机过程的基本概念

2.1　内容提要

1. 随机过程的定义

设 $(\Omega, \mathscr{F}, P)$ 为概率空间，T 是给定的参数集，如果对于任意的 $t \in T$，都有一个定义在 $(\Omega, \mathscr{F}, P)$ 上的随机变量 $X(t, \omega)$ 与之对应，则称随机变量族 $\{X(t, \omega), t \in T\}$ 为随机过程，简记为 $\{X(t), t \in T\}$ 或 $\{X_t, t \in T\}$ 或 X_T.

2. 有限维分布

设 $\{X(t), t \in T\}$ 是一随机过程，对任意给定的 $t_1, t_2, \cdots, t_n \in T (n = 1, 2, \cdots)$，$(X(t_1), X(t_2), \cdots, X(t_n))$ 是一 n 维随机变量，称其（联合）分布函数

$$F(t_1, t_2, \cdots, t_n; x_1, x_2, \cdots, x_n) = P\{X(t_1) \leqslant x_1, X(t_2) \leqslant x_2, \cdots, X(t_n) \leqslant x_n\}$$

为随机过程 X_T 的 $n(n = 1, 2, \cdots)$ 维分布函数，并称有限维分布函数的全体

$$\boldsymbol{F} = \{F(t_1, t_2, \cdots, t_n; x_1, x_2, \cdots, x_n), t_1, t_2, \cdots, t_n \in T, n \geqslant 1\}$$

为随机过程 X_T 的有限维分布函数族，简称为有限维分布.

有限维分布的性质如下.

①对称性：

对于 $\{t_1, t_2, \cdots, t_n\}$ 的任意排列 $\{t_{i_1}, t_{i_2}, \cdots, t_{i_n}\}$，有

$$F(t_1, t_2, \cdots, t_n; x_1, x_2, \cdots, x_n) = F(t_{i_1}, t_{i_2}, \cdots, t_{i_n}; x_{i_1}, x_{i_2}, \cdots, x_{i_n}).$$

②相容性：

对任意的 $1 \leqslant m < n, \ m, n \in \mathbb{N}^*$，有

$$F(t_1, t_2, \cdots, t_m; x_1, x_2, \cdots, x_m) = F(t_1, t_2, \cdots, t_m, \cdots, t_n; x_1, x_2, \cdots, x_m, +\infty).$$

③存在性：

设已给参数集 T 及满足对称性和相容性条件的有限维分布函数族 $\boldsymbol{F}$，则必存在概率空间 $(\Omega, \mathscr{F}, P)$ 及定义在其上的随机过程 $\{X(t), t \in T\}$，使该随机过程的有

限维分布函数族与 F 重合.

3. 随机过程的数字特征

1) 单个随机过程的数字特征

① 均值函数:

设 $X_T = \{X(t), t \in T\}$ 是一随机过程,对任意 $t \in T$,若 $E[X(t)]$ 存在,则称

$$m_X(t) = E[X(t)], \quad t \in T$$

为随机过程 X_T 的均值函数,简记为 $m(t)$.

② 协方差函数:

设 $X_T = \{X(t), t \in T\}$ 是一随机过程,对任意 $s, t \in T$,若

$$E\{[X(s) - m(s)][X(t) - m(t)]\}$$

存在,则称

$$\Gamma_X(s,t) = E\{[X(s) - m(s)][X(t) - m(t)]\}$$

为随机过程 X_T 的自协方差函数,简称协方差函数,简记为 $\Gamma(s,t)$.

③ 方差函数:

称

$$D(t) = \Gamma_X(t,t) = E[X(t) - m(t)]^2$$

为随机过程 X_T 的方差函数.

④相关函数:

称

$$R_{XX}(s,t) = E[X(s)X(t)]$$

为随机过程 X_T 的自相关函数,简称相关函数,简记为 $R(s,t)$.

2) 两个随机过程的数字特征

①互协方差函数:

设 $X_T = \{X(t), t \in T\}$ 和 $Y_T = \{Y(t), t \in T\}$ 是两个随机过程,对任意 $s, t \in T$,若

$$E\{[X(s) - m_X(s)][Y(t) - m_Y(t)]\}$$

存在,则称

$$\Gamma_{XY}(s,t) = E\{[X(s) - m_X(s)][Y(t) - m_Y(t)]\}$$

为随机过程 X_T 与 Y_T 的互协方差函数.

②互相关函数:

称

$$R_{XY}(s,t) = E[X(s)Y(t)]$$

为随机过程 X_T 与 Y_T 的互相关函数.

3）复随机过程的数字特征

复随机过程 $Z(t)$ 可以定义为

$$Z(t) = X(t) + iY(t),$$

其中, $X(t)$, $Y(t)$ 都是实值随机过程. 称 $(X(t),Y(t))$ 的联合分布函数为 $Z(t)$ 的分布函数. $\{Z(t), t \in T\}$ 的数字特征定义如下.

① 均值函数：

$$m_Z(t) = E[Z(t)] = E[X(t)] + iE[Y(t)].$$

② 协方差函数：

$$\Gamma_Z(s,t) = E\{[Z(s) - m_Z(s)]\overline{[Z(t) - m_Z(t)]}\}.$$

③ 方差函数：

$$D_Z(t) = \Gamma_Z(t,t) = E[|Z(t) - m_Z(t)|^2].$$

④ 相关函数：

$$R_Z(s,t) = E[Z(s)\overline{Z(t)}].$$

4. 几种重要的随机过程

1）正态过程

设 $X_T = \{X(t), t \in T\}$ 是一随机过程, 若对于任意的正整数 n 及任意的 $t_1, t_2,$ $\cdots, t_n \in T$, $(X(t_1), X(t_2), \cdots, X(t_n))$ 服从 n 维正态分布, 即具有概率密度函数

$$f(x) = \frac{1}{(2\pi)^{\frac{n}{2}}|B|^{\frac{1}{2}}}\exp\left\{-\frac{1}{2}(x-\mu)^T B^{-1}(x-\mu)\right\},$$

其中,

$$x = (x_1, x_2, \cdots, x_n)^T,$$

$$\mu = \{E[X(t_1)], E[X(t_2)], \cdots, E[X(t_n)]\}^T,$$

$$B = (b_{ij}) \text{ 为 } n \times n \text{ 对称正定矩阵},$$

$$b_{ij} = E\{[X(t_i) - E(X(t_i))][X(t_j) - E(X(t_j))]\},$$

则称 X_T 是正态过程或 Gaussian（高斯）过程.

简单说, 如果一个随机过程的任意有限维分布是正态分布, 那么该过程是正态随机过程.

2）独立增量过程

设 $X_T = \{X(t), t \in T\}$ 是一随机过程, 如果对于任意 $n \geq 2$ 和任意 $t_0 < t_1 < \cdots <$

$t_n, t_i \in T, i = 0, 1, \cdots, n, X(t)$ 的增量 $X(t_1) - X(t_0), X(t_2) - X(t_1), \cdots, X(t_n) - X(t_{n-1})$ 都相互独立，则称随机过程 X_T 为独立增量过程.

3）平稳增量过程

如果随机过程 $X_T = \{X(t), t \in T\}$，对任意 $s, t \in T (s < t)$ 以及任意 $h > 0$（满足 $s + h, t + h \in T$），随机变量 $X(t+h) - X(s+h)$ 与 $X(t) - X(s)$ 总有相同的概率分布，则称 X_T 为平稳增量过程.

4）独立平稳增量过程

如果随机过程 $X_T = \{X(t), t \in T\}$ 既有独立增量，又有平稳增量，则称 X_T 为独立平稳增量过程.

5）Wiener（维纳）过程

实值随机过程 $\{X(t), t \in T\}$，如果满足：

① 具有独立增量，即对于 $t_1 < t_2 < \cdots < t_n$，诸增量

$$X(t_2) - X(t_1), \cdots, X(t_n) - X(t_{n-1})$$

相互独立；

② $X(t) - X(s)$ 服从 $N(0, \sigma^2 |t - s|)$ 分布；

③ $X(0) = 0$.

则称 X_T 是参数为 σ^2 的 Wiener 过程.

5. Poisson 过程

1）定义

取非负整数值的随机过程 $\{N(t), t \geq 0\}$，如果满足：

① $N(0) = 0$；

② 具有独立增量；

③ 存在 $\lambda > 0$，使得对 $s, t \geq 0$，有 $N(t+s) - N(s) \sim P(\lambda t)$，即

$$P\{N(s+t) - N(s) = k\} = e^{-\lambda t} \frac{(\lambda t)^k}{k!}, \quad k = 0, 1, 2, \cdots,$$

则称其为强度为 λ 的 Poisson 过程.

2）等价定义

取非负整数值的随机过程$\{N(t),t\geq 0\}$，如果满足：

① $N(0)=0$；

② 具有平稳增量和独立增量；

③ $P\{N(h)=1\}=\lambda h+o(h),\lambda>0$；

④ $P\{N(h)\geq 2\}=o(h)$.

则称其为强度为λ的Poisson过程.

3）Poisson过程的性质

① 数字特征.

设$\{N(t),t\geq 0\}$是强度为λ的Poisson过程，则有

$$m_N(t)=D_N(t)=\lambda t,\ \Gamma_N(s,t)=\lambda\min(s,t),$$

$$R_N(s,t)=\lambda^2 st+\lambda\min(s,t).$$

② 到达时间间隔的分布.

设Poisson过程$\{N(t),t\geq 0\}$表示$[0,t]$时间间隔内到达的顾客数，令X_1表示第一个顾客到达的时间，$X_n(n>1)$表示第$n-1$个顾客与第n个顾客到达的时间间隔，则称$\{X_n,n\geq 1\}$为到达时间间隔序列.

参数为λ的Poisson过程的到达时间间隔序列$\{X_n,n=1,2,\cdots\}$是相互独立的随机变量序列，并且具有相同的均值为$\dfrac{1}{\lambda}$的指数分布.

③ 等待时间的分布.

记

$$W_n=X_1+X_2+\cdots+X_n,\quad n\geq 1,$$

则W_n表示第n个顾客到达的时间，称为直到第n个顾客出现的等待时间.

等待时间$W_n(n\geq 1)$服从参数为n,λ的Γ分布，即$W_n(n\geq 1)$的概率密度函数为

$$f(t)=\begin{cases}\dfrac{\lambda^n}{\Gamma(n)}t^{n-1}\mathrm{e}^{-\lambda t}, & t>0,\\[2mm] 0, & t\leq 0.\end{cases}$$

④ 到达时间的条件分布.

设 $\{N(t),t\geqslant 0\}$ 是强度为 λ 的 Poisson 过程,在 $N(t)=n$ 条件下,n 个顾客的到达时间 $W_1,W_2,\cdots,W_n$ 的联合概率密度函数为

$$f_{W_1,W_2,\cdots,W_n|N(t)=n}(t_1,t_2,\cdots,t_n)=\begin{cases} n!\ t^{-n}, & 0<t_1<t_2<\cdots<t_n<t, \\ 0, & \text{其他}. \end{cases}$$

6. 非齐次 Poisson 过程

取非负整数值的随机过程 $\{N(t),t\geqslant 0\}$,如果满足:

(1) $N(0)=0$;

(2) 具有独立增量;

(3) $P\{N(t+h)-N(t)=1\}=\lambda(t)h+o(h)$;

(4) $P\{N(t+h)-N(t)\geqslant 2\}=o(h)$.

则称其为具有强度函数 $\lambda(t)(t\geqslant 0)$ 的非齐次 Poisson 过程.

7. 复合 Poisson 过程

1) 定义

设 $\{N(t),t\geqslant 0\}$ 是强度为 λ 的 Poisson 过程,$\{Y_k,k=1,2,\cdots\}$ 是一列独立同分布的随机变量,且与 $\{N(t),t\geqslant 0\}$ 独立,令 $X(t)=\sum_{k=1}^{N(t)}Y_k,t\geqslant 0$,则称 $\{X(t),t\geqslant 0\}$ 为复合 Poisson 过程.

2) 性质

设 $\{X(t),t\geqslant 0\}$ 为复合 Poisson 过程,则有:

① $\{X(t),t\geqslant 0\}$ 是独立平稳增量过程;

② $X(t)$ 的特征函数为

$$\phi_X(u)=E(e^{iuX(t)})=e^{\lambda t[\phi_{Y_1}(u)-1]},$$

其中,$\phi_{Y_1}(u)$ 是 Y_1 的特征函数;

③ 若 $E(Y_1^2)$ 存在,则

$$E[X(t)]=\lambda t E(Y_1),$$

$$D[X(t)] = \lambda t E(Y_1^2).$$

2.2　习题解答

1. 通过连续抛掷一枚硬币,确定随机过程

$$X(t) = \begin{cases} \cos(\pi t), & \text{在 } t \text{ 时刻出现正面,} \\ 2, & \text{在 } t \text{ 时刻出现反面.} \end{cases}$$

求:(1)一维分布函数 $F(\frac{1}{2}, x)$, $F(1, x)$;

(2)二维分布函数 $F(\frac{1}{2}, 1; x_1, x_2)$.

解　(1)

$$F(\frac{1}{2}, x) = P[X(\frac{1}{2}) \leqslant x)] = \begin{cases} 0, & x < 0, \\ \dfrac{1}{2}, & 0 \leqslant x < 2, \\ 1, & x \geqslant 2. \end{cases}$$

$$F(1, x) = P[X(1) \leqslant x] = \begin{cases} 0, & x < -1, \\ \dfrac{1}{2}, & -1 \leqslant x < 2, \\ 1, & x \geqslant 2. \end{cases}$$

(2)由独立性

$$F(\frac{1}{2}, 1; x_1, x_2) = P\left[X(\frac{1}{2}) \leqslant x_1, X(1) \leqslant x_2\right]$$

$$= P\left[X(\frac{1}{2}) \leqslant x_1\right] \cdot P[X(1) \leqslant x_2]$$

$$= \begin{cases} 0, & x_1 < 0 \text{ 或 } x_2 < -1, \\ \dfrac{1}{4}, & 0 \leqslant x_1 < 2, \ -1 \leqslant x_2 < 2, \\ \dfrac{1}{2}, & x_1 \geqslant 2, \ -1 \leqslant x_2 < 2 \text{ 或 } 0 \leqslant x_1 < 2, x_2 \geqslant 2, \\ 1, & x_1 \geqslant 2, x_2 \geqslant 2. \end{cases}$$

2. 设随机过程 $\{X(t) = A\cos t, t \in \mathbb{R}\}$，其中，$A$ 是随机变量，服从参数为 λ 的指数分布.

求：(1) 一维分布函数 $F(\dfrac{\pi}{3}, x)$；

(2) 二维分布函数 $F(0, \dfrac{\pi}{4}; x_1, x_2)$；

(3) 均值函数 $m_X(t)$；

(4) 自协方差函数 $\Gamma_X(x, t)$.

解 (1) $F(\dfrac{\pi}{3}, x) = P(\dfrac{1}{2}A \leqslant x) = \begin{cases} 0, & x < 0, \\ \displaystyle\int_0^{2x} \lambda \mathrm{e}^{-\lambda x} \mathrm{d}x = 1 - \mathrm{e}^{-2\lambda x}, & x \geqslant 0. \end{cases}$

(2) $F(0, \dfrac{\pi}{4}; x_1, x_2) = P(A \leqslant x_1, A \leqslant \sqrt{2}x_2) = \begin{cases} 0, & x_1 < 0 \text{ 或 } x_2 < 0, \\ 1 - \mathrm{e}^{-\lambda x_1}, & 0 \leqslant x_1 < \sqrt{2}x_2, \\ 1 - \mathrm{e}^{-\lambda \sqrt{2}x_2}, & 0 \leqslant \sqrt{2}x_2 \leqslant x_1. \end{cases}$

(3) $m_X(t) = E(A\cos t) = \cos t E(A) = \dfrac{\cos t}{\lambda}$.

(4) $\Gamma_X(s, t) = E\left[(A\cos t - \dfrac{\cos t}{\lambda})(A\cos s - \dfrac{\cos s}{\lambda})\right] = \cos t \, \cos s \mathrm{Var}(A)$

$\qquad = \dfrac{\cos t \, \cos s}{\lambda^2}$.

3. $\{X(t), t \in \mathbb{R}\}$ 在每一个长度为 T 的区间 $[(n-1)T, nT]$，$n = 0, \pm 1, \pm 2$，$\cdots$ 上等概率地取值 $+1$ 或者 -1，且在不同区间上取值是独立的，则称 $\{X(t), t \in \mathbb{R}\}$ 是半随机二元波. 令

$$Y(t) = X(t - \xi),$$

其中,ξ 服从$[0,T]$上的均匀分布,ξ 与 $X(t)$相互独立. $\{Y(t)\}$称为随机二元波. 求$Y(t)$的均值函数和自相关函数.

解

$$m_Y(t) = E[X(t-\xi)] = \frac{1}{T}\int_0^T E[X(t-y)]\mathrm{d}y = 0,$$

$$\Gamma_Y(s,t) = E[X(t-\xi)X(s-\xi)] = \begin{cases} 0, & |s-t| > T, \\ 1 - \dfrac{|t-s|}{T}, & |s-t| \leqslant T. \end{cases}$$

4. 设随机过程 $X(t) = A\sin(\omega t + \xi)$,其中,$A,\omega$ 都为正常数,且 $\xi \sim U[-\pi, \pi]$,求均值函数 $m_X(t)$ 和方差函数 $D_X(t)$.

解

$$m_X(t) = E[A\sin(\omega t + \xi)] = A\int_{-\pi}^{\pi} \sin(\omega t + x)\frac{1}{2\pi}\mathrm{d}x = 0,$$

$$D_X(t) = E[A^2\sin^2(\omega t + \xi)] = A^2\int_{-\pi}^{\pi} \sin^2(\omega t + x)\frac{1}{2\pi}\mathrm{d}x$$

$$= \frac{A^2}{2\pi}\int_{-\pi}^{\pi}\left[\frac{1}{2} - \frac{1}{2}\cos(2\omega t + 2x)\right]\mathrm{d}x = \frac{A^2}{2}.$$

5. 设随机过程$\{X(t) = A\cos(\alpha t) + B\sin(\beta t), t\in\mathbb{R}\}$,其中,$A \sim N(\mu_1,\sigma_1^2), B \sim N(\mu_2,\sigma_2^2)$,$\alpha,\beta$ 为给定常数,且 A 与 B 相互独立. 求:

(1) 自协方差函数 $\Gamma_X(s,t)$;

(2) 一维密度函数 $f(t,x)$;

(3) 二维密度函数 $f(s,t;x,y)$.

解 (1)

$$\Gamma_X(s,t) = E\{[A\cos(\alpha t) + B\sin(\beta t)][A\cos(\alpha s) + B\sin(\beta s)]\}$$

$$- E[A\cos(\alpha t) + B\sin(\beta t)] \cdot E[A\cos(\alpha s) + B\sin(\beta s)]$$

$$= \sigma_1^2\cos(\alpha t)\cos(\alpha s) + \sigma_2^2\sin(\beta t)\sin(\beta s).$$

(2)$X(t)$ 是二维正态随机向量(A,B)的线性组合,因此 $X(t)$ 是正态随机变量,$X(t) \sim N[\mu_1\cos(\alpha t) + \mu_2\sin(\beta t), \sigma_1^2\cos^2(\alpha t) + \sigma_2^2\sin^2(\beta t)]$,因而

$$f(t,x) = \frac{1}{\sqrt{2\pi[\sigma_1^2\cos^2(\alpha t) + \sigma_2^2\sin^2(\beta t)]}} \exp\left\{-\frac{[x-\mu_1\cos(\alpha t)-\mu_2\sin(\beta t)]^2}{2[\sigma_1^2\cos^2(\alpha t)+\sigma_2^2\sin^2(\beta t)]}\right\}$$

（3）设 $\boldsymbol{\Sigma} = \begin{pmatrix} \cos(\alpha t) & \sin(\beta t) \\ \cos(\alpha s) & \sin(\beta s) \end{pmatrix}$，$\boldsymbol{C} = \begin{pmatrix} \sigma_1^2 & 0 \\ 0 & \sigma_2^2 \end{pmatrix}$，则二维随机向量

$(X(t),X(s))^{\mathrm{T}} = \boldsymbol{\Sigma}(A,B)^{\mathrm{T}}$ 服从二维正态分布，因此

$$(X(t),X(s))^{\mathrm{T}} \sim N_2(\boldsymbol{\Sigma}(\mu_1,\mu_2)^{\mathrm{T}}, \boldsymbol{\Sigma C \Sigma}^{\mathrm{T}})$$

6. 设 $\{X_n, n\geq 1\}$ 是独立同分布随机变量序列，$E(X_n)=0$，$E(|X_n|)<\infty$，令

$M_n = \sum_{k=1}^{n} X_k$，试证明：$\{M_n, n\geq 1\}$ 是鞅.

证明 $E(|M_n|) = E(|\sum_{k=1}^{n} X_k|) \leq \sum_{k=1}^{n} E(|X_k|) < \infty$，且

$$E(M_{n+1}|M_n,M_{n-1},\cdots,M_1) = E\left(\sum_{k=1}^{n+1} X_k | X_n, X_{n-1}, \cdots, X_1\right)$$

$$= E(X_{n+1}|X_n,X_{n-1},\cdots,X_1) + E\left(\sum_{k=1}^{n} X_k|X_n,X_{n-1},\cdots,X_1\right)$$

$$= E(X_{n+1}) + \sum_{k=1}^{n} X_k = M_n,$$

因此，$\{M_n, n\geq 1\}$ 是鞅.

7. 设 $\{W(t), t\geq 0\}$ 为参数为 σ^2 的 Wiener 过程，

（1）对非零常数 c，试证过程 $\{cW(\frac{t}{c^2}), t\geq 0\}$ 是 Wiener 过程；

（2）对 $a>0$，试证过程 $\{W(a+t)-W(a), t\geq 0\}$ 是 Wiener 过程.

证明 （1）假设 $c>0$. 设 $X(t) := cW(\frac{t}{c^2})$，$X(0)=0$ 和独立增量性显然. 已知

$$W(\frac{t}{c^2}) - W(\frac{s}{c^2}) \sim N(0, \frac{\sigma^2}{c^2}|t-s|),$$

设其分布为 $F(x)$，密度函数 $f(x)$. 设增量 $X(t)-X(s) = cW(\frac{t}{c^2}) - cW(\frac{s}{c^2})$ 的分

布函数 $F_1(x)$，则有

32

$$F_1(x): = P\left[cW\left(\frac{t}{c^2}\right) - cW\left(\frac{s}{c^2}\right) \leqslant x\right] = P\left[W\left(\frac{t}{c^2}\right) - W\left(\frac{s}{c^2}\right) \leqslant \frac{x}{c}\right] = F\left(\frac{x}{c}\right),$$

$X(t) - X(s)$ 的密度函数

$$f_1(x) = F_1'(x) = \frac{1}{c}f\left(\frac{x}{c}\right) = \frac{1}{c}\frac{1}{\sqrt{2\pi\dfrac{\sigma^2}{c^2}|t-s|}}e^{-\frac{(x/c)^2}{2(\frac{\sigma}{c})^2|t-s|}}$$

$$= \frac{1}{\sqrt{2\pi\sigma^2|t-s|}}e^{-\frac{x^2}{2\sigma^2|t-s|}}.$$

因此 $X(t) - X(s) \sim N(0, \dfrac{\sigma^2}{c^2}|t-s|)$. $\{X(t), t \geqslant 0\}$ 为 Wiener 过程.

(2)设 $a > 0, Y(t): = W(a+t) - W(a)$, $Y(0) = 0$ 和独立增量性显然. 又

$$Y(t) - Y(s) = W(a+t) - W(a+s) \sim N(0, \sigma^2|t-s|),$$

因此 $\{Y(t), t \geqslant 0\}$ 为 Wiener 过程.

8. (1) $\{X(t), t \in [0,1]\}$ 是一个参数 $\sigma^2 = 1$ 的 Wiener 过程, 求联合密度函数 $f(t, 1; x_1, x_2)$;

(2)求给定 $X(0) = X(1) = 0$ 的条件下, $X(t)$ 的条件概率密度.

解 (1) 由 $\mathrm{Cov}[X(t), X(1)] = t$, 则 2 维随机向量 $(X(t), X(1))^{\mathrm{T}}$ 协方差阵

$$\boldsymbol{\Sigma} = \begin{pmatrix} t & t \\ t & 1 \end{pmatrix}.$$

$(X(t), X(1))^{\mathrm{T}} \sim N_2((0,0)^{\mathrm{T}}, \boldsymbol{\Sigma})$. 因此 $(X(t), X(1))^{\mathrm{T}}$ 的 2 维密度函数

$$f(t, 1; x_1, x_2) = \frac{1}{2\pi|\boldsymbol{\Sigma}|^{\frac{1}{2}}}e^{-\frac{1}{2}(x_1, x_2)\boldsymbol{\Sigma}^{-1}(x_1, x_2)^{\mathrm{T}}}$$

$$= \frac{1}{2\pi\sqrt{t(1-t)}}e^{-\frac{1}{2}\left[\frac{x_1^2}{t} + \frac{(x_1-x_2)^2}{1-t}\right]}.$$

(2)

$$f_{X(t)}(x|X(0) = X(1) = 0) = \frac{f(t, 1; x, 0)}{f_{X(1)}(0)} = \frac{1}{\sqrt{2\pi t(1-t)}}e^{-\frac{x^2}{2t(1-t)}}.$$

9. $\{X(t)\}$ 是一个连续时间的正态过程, 均值函数和自相关函数分别为

$$m_X(t) = 3t, \quad \Gamma_X(t_1, t_2) = 9e^{-2|t_1-t_2|}.$$

求 $P\{X(3) < 6\}$, $P\{X(1) + X(2) > 15\}$ 和联合密度函数 $f(t, t+s; x_1, x_2)$.

解 $(1)E[X(3)]=9$, $\mathrm{Var}[X(3)]=\Gamma_X(3,3)=9$, 所以 $X(3)\sim N(9,9)$.

$$P[X(3)<6]=P\left[\frac{X(3)-9}{3}<-1\right]=\Phi(-1)\approx0.16(查表),$$

其中，Φ 是标准正态随机变量的分布函数.

$(2)E[X(1)+X(2)]=3+6=9$,

$\mathrm{Var}[X(1)+X(2)]=\mathrm{Var}[X(1)]+\mathrm{Var}[X(2)]+2\mathrm{Cov}[X(1),X(2)]=18+$
$18\mathrm{e}^{-2}\approx20.43$,因此,$X(1)+X(2)\sim N(9,20.43)$

$$P[X(1)+X(2)>15]=P\left[\frac{X(1)+X(2)-9}{\sqrt{18+18\mathrm{e}^{-2}}}>\frac{6}{\sqrt{18+18\mathrm{e}^{-2}}}\right]$$

$$=1-\Phi\left(\frac{6}{\sqrt{18+18\mathrm{e}^{-2}}}\right)\approx0.0922.$$

(3) 设 $t,s\geq0$, $[X(t),X(t+s)]$ 的协方差阵 $\boldsymbol{\Sigma}=\begin{pmatrix}9&9\mathrm{e}^{-2s}\\9\mathrm{e}^{-2s}&9\end{pmatrix}$,均值向量

$\boldsymbol{\mu}=\begin{pmatrix}3t\\3(t+s)\end{pmatrix}$. 联合密度函数

$$f(t,t+s;x_1,x_2)=\frac{1}{18\pi\sqrt{1-\mathrm{e}^{-4s}}}\mathrm{e}^{-\left\{\frac{(x_2-3t-3s)^2}{18}+\frac{[(x_1-3t)-\mathrm{e}^{-2s}(x_2-3t-3s)]^2}{18(1-\mathrm{e}^{-4s})}\right\}}$$

10. $\{N(t),t\geq0\}$ 是参数为 λ 的 Poisson 过程，W_n 是第 n 个到达时间,求 $E(W_n)$ 和 $\mathrm{Var}(W_n)$.

解 W_n 的分布函数 $F(t)=P(W_n\leq t)=P[N(t)\geq n]=\sum_{k=n}^{\infty}\mathrm{e}^{-\lambda t}\frac{(\lambda t)^k}{k!}$,$W_n$ 的密度函数

$$f(t)=\sum_{k=n}^{\infty}\left[(-\lambda)\mathrm{e}^{-\lambda t}\frac{(\lambda t)^k}{k!}+\lambda\mathrm{e}^{-\lambda t}\frac{(\lambda t)^{k-1}}{(k-1)!}\right]$$

$$=\lambda\mathrm{e}^{-\lambda t}\frac{(\lambda t)^{n-1}}{(n-1)!}$$

$$E(W_n)=\lambda\int_0^{\infty}t\mathrm{e}^{-\lambda t}\frac{(\lambda t)^{n-1}}{(n-1)!}\mathrm{d}t=\frac{\lambda^n}{(n-1)!}\int_0^{\infty}\mathrm{e}^{-\lambda t}t^n\mathrm{d}t=\frac{n}{\lambda},$$

$$E(W_n^2)=\lambda\int_0^{\infty}t^2\mathrm{e}^{-\lambda t}\frac{(\lambda t)^{n-1}}{(n-1)!}\mathrm{d}t=\frac{\lambda^n}{(n-1)!}\int_0^{\infty}\mathrm{e}^{-\lambda t}t^{n+1}\mathrm{d}t=\frac{n(n+1)}{\lambda^2},$$

所以

$$\mathrm{Var}(W_n) = \frac{n}{\lambda^2}.$$

11. 设 $\{N(t), t \geq 0\}$ 是强度为 λ 的 Poisson 过程,令

$$S_T = \int_0^T N(t)\,\mathrm{d}t,$$

试求 $E(S_T)$ 和 $\mathrm{Var}(S_T)$.

解

$$E(S_T) = \int_0^T E[N(t)]\,\mathrm{d}t = \int_0^T \lambda t\,\mathrm{d}t = \lambda\frac{T^2}{2},$$

$$\mathrm{Var}(S_T) = E\left\{\left[\int_0^T N(t)\,\mathrm{d}t\right]\left[\int_0^T N(s)\,\mathrm{d}s\right]\right\} - \left\{\int_0^T E[N(t)]\,\mathrm{d}t\right\}\cdot\left\{\int_0^T E[N(s)]\,\mathrm{d}s\right\}$$

$$= \int_0^T\int_0^T E[N(t)N(s)] - E[N(t)]E[N(s)]\,\mathrm{d}t\mathrm{d}s$$

$$= \int_0^T\int_0^T \lambda\min\{s,t\}\,\mathrm{d}t\mathrm{d}s = \lambda\int_0^T\mathrm{d}s\int_0^s t\,\mathrm{d}t + \lambda\int_0^T\mathrm{d}s\int_s^T s\,\mathrm{d}t$$

$$= \lambda\frac{T^3}{3}.$$

12. 设 $\{X_1(t), t\geq 0\}$ 和 $\{X_2(t), t\geq 0\}$ 是两个独立的分别服从参数为 λ_1 和 λ_2 的 Poisson 过程,

(1) 试证明 $\{X_1(t) + X_2(t), t\geq 0\}$ 服从参数为 $\lambda_1 + \lambda_2$ 的 Poisson 过程;

(2) 试证明 $\{X_1(t) - X_2(t), t\geq 0\}$ 不是 Poisson 过程.

证明　(1) 设 $N(t) = X_1(t) + X_2(t)$, $N(0) = 0$ 和独立增量性显然成立. 对任意 $t, s > 0$, 已知

$$X_1(t+s) - X_1(t) \sim P(\lambda_1 s), \quad X_2(t+s) - X_2(t) \sim P(\lambda_2 s),$$

由第 20 页习题 17 可知,

$$N(t+s) - N(t) = [X_1(t+s) - X_1(t)] + [X_2(t+s) - X_2(t)] \sim P[(\lambda_1 + \lambda_2)s].$$

(2) 令 $Z(t) = [X_1(t) - X_2(t)]$, 则

$$E[Z(t)] = E[X_1(t) - X_2(t)] = E[X_1(t)] - E[X_2(t)] = (\lambda_1 - \lambda_2)t,$$

$$D[Z(t)] = D[X_1(t) - X_2(t)] = D[X_1(t)] + D[X_2(t)] = (\lambda_1 + \lambda_2)t.$$

由于 $E[Z(t)] \neq D[Z(t)]$，故 $Z(t)$ 不是泊松过程.

13. 一个非齐次 Poisson 过程 $\{N(t), t \geq 0\}$，其强度函数

$$\lambda(t) = \frac{1}{2}[1 + \cos(\omega t)].$$

求 $N(t)$ 的特征函数、均值函数和方差函数.

解 $m(t) = \int_0^t \lambda(s)\,\mathrm{d}s = \frac{t}{2} + \frac{\sin(\omega t)}{2\omega}$，则 $N(t) \sim P[m(t)]$.

$N(t)$ 的特征函数

$$\phi_{N(t)}(u) = E[\mathrm{e}^{\mathrm{i}uN(t)}] = \sum_{k=0}^{\infty} \mathrm{e}^{\mathrm{i}uk} \mathrm{e}^{-m(t)} \frac{[m(t)]^k}{k!} = \mathrm{e}^{(\mathrm{e}^{\mathrm{i}u}-1)m(t)}.$$

均值函数

$$m_N(t) = E[N(t)] = m(t),$$

方差函数

$$D_N(t) = \mathrm{Var}[N(t)] = m(t).$$

14. 设顾客以每分钟 2 人的速率到达商场，这一过程可用 Poisson 过程来描述，进入商场的每位顾客的消费额服从均值为 200 元的正态分布. 求：

（1）在 5 min 内至少有一个顾客到来的概率；

（2）商场 1 h 的平均营业额.

解 $N(t)$ 表示 $[0,t]$ 间隔时间内到达的顾客数，是参数 $\lambda = 2$ 的 Poisson 过程. $Y_k \sim N(200, \sigma^2)$ 是第 k 位顾客的消费额，$\{Y_n, n = 1, 2, \cdots\}$ 是独立同分布随机变量序列.

在 5 min 内至少有 1 位顾客到来的概率

$$P[N(5) \geq 1] = 1 - P[N(5) = 0] = 1 - \mathrm{e}^{-5}.$$

商场 1 h 的平均营业额

$$E\left(\sum_{k=1}^{N(60)} Y_k\right) = 60\lambda E(Y_1) = 24\,000.$$

15. $N(t)$ 是参数为 λ 的 Poisson 过程，用于计数 $[0,t]$ 时间内某事件发生的次数. 假设每次事件发生时都抛一次硬币，并记录下硬币的正反面结果. $N_1(t)$ 和 $N_2(t)$ 分别是 $[0,t]$ 时间内硬币正面和反面的次数. 假设 p 是抛到正面的概率.

(1)计算 $P[N_1(t)=j,N_2(t)=k\,|\,N(t)=k+j]$；

(2)利用(1)中的结论证明 $N_1(t)$ 和 $N_2(t)$ 分别是参数分别为 $p\lambda t$ 和 $(1-p)\lambda t$ 的 Poisson 随机变量，并计算 $P[N_1(t)=j,N_2(t)=k]$.

解　(1)$P[N_1(t)=j,N_2(t)=k\,|\,N(t)=k+j]=C_{k+j}^j p^j(1-p)^k$.

(2)
$$P[N_1(t)=j,N_2(t)=k]$$
$$=P[N_1(t)=j,N_2(t)=k\,|\,N(t)=k+j]P[N(t)=k+j]$$
$$=C_{k+j}^j p^j(1-p)^k\frac{(\lambda t)^{k+j}}{(k+j)!}e^{-\lambda t}$$
$$=e^{-\lambda pt}\frac{(\lambda pt)^j}{j!}e^{-\lambda(1-p)t}\frac{[\lambda(1-p)t]^k}{k!}.$$

$$P[N_1(t)=j]=\sum_{k=0}^{\infty}P[N_1(t)=j,N_2(t)=k]$$
$$=\sum_{k=0}^{\infty}e^{-\lambda pt}\frac{(\lambda pt)^j}{j!}e^{-\lambda(1-p)t}\frac{[\lambda(1-p)t]^k}{k!}$$
$$=e^{-\lambda pt}\frac{(\lambda pt)^j}{j!}\sum_{k=0}^{\infty}e^{-\lambda(1-p)t}\frac{[\lambda(1-p)t]^k}{k!}$$
$$=e^{-\lambda pt}\frac{(\lambda pt)^j}{j!},$$

因此 $N_1(t)\sim P(\lambda pt)$，同理可证 $N_2(t)\sim P[\lambda(1-p)t]$.

16. 设随机变量 $\Lambda>0$，具有分布函数 G，在 $\Lambda=\lambda$ 的条件下，计数过程 $\{N(t),t\geq 0\}$ 为参数为 λ 的 Poisson 过程，则称 $\{N(t),t\geq 0\}$ 为一个条件 Poisson 过程.

(1)解释为什么条件 Poisson 过程有平稳增量但无独立增量；

(2)在已知 $\{N(s),0\leq s\leq t\}$，即过程直到 t 时的历史资料条件下，计算 Λ 的条件分布，并且证明它只依赖于 $N(t)$，解释为什么会是这样；

(3)在已知 $N(t)=n$ 的条件下，计算 t 之后第一件事件发生的时刻的条件分布；

(4)计算 $\lim\limits_{h\to 0}\dfrac{P[N(h)\geq 1]}{h}$；

(5)以 $X_1,X_2,\cdots$ 记来到间隔. 它们独立吗？它们同分布吗？

解 (1)它不可能有独立增量,因为任一区间中的事件数将改变 Λ 的分布.

(2)知道 $\{N(s),0\leqslant s\leqslant t\}$ 等价于知道 $N(t)$ 及来到时刻 $S_1,S_2,\cdots,S_{N(t)}$. 现在对 $0<s_1<\cdots<s_n<t$,由本书第 28 页页首 Poisson 过程的性质④

$$P[\Lambda=\lambda,N(t)=n,S_1=s_1,\cdots,S_n=s_n]$$

$$=P(\Lambda=\lambda)P[N(t)=n\mid\Lambda=\lambda]P[S_1=s_1,\cdots,S_n=s_n\mid\Lambda=\lambda,N(t)=n]$$

$$=P(\Lambda=\lambda)\mathrm{e}^{-\lambda t}\frac{(\lambda t)^n}{n!}\cdot\frac{n!}{t^n},$$

从而

$$P[\Lambda\leqslant x\mid N(t)=n,S_1=s_1,\cdots,S_n=s_n]$$

$$=\frac{\displaystyle\int_0^x P[N(t)=n,S_1=s_1,\cdots,S_n=s_n\mid\Lambda=\lambda]\,\mathrm{d}G(\lambda)}{P[N(t)=n,S_1=s_1,\cdots,S_n=s_n]}$$

$$=\frac{\displaystyle\int_0^x \mathrm{e}^{-\lambda t}(\lambda t)^n\mathrm{d}G(\lambda)}{\displaystyle\int_0^\infty \mathrm{e}^{-\lambda t}(\lambda t)^n\mathrm{d}G(\lambda)},$$

因此 Λ 的条件分布只依赖于 $N(t)$. 这是因为给定 $N(t)$ 的值,不管 Λ 的值是什么,$S_1,\cdots,S_{N(t)}$ 的分布与来自 $(0,t)$ 上均匀分布的顺序统计量的分布相同.

(3)

$$P[t \text{ 之后第一个事件的时刻大于 } t+s\mid N(t)=n]$$

$$=P[S_1>s\mid N(t)=n]$$

$$=\int_0^\infty P(S_1>s\mid\Lambda=\lambda,N(t)=n)\mathrm{d}F_{\Lambda\mid N(t)}(\mathrm{d}G(\lambda)\mid n)$$

$$=\frac{\displaystyle\int_0^\infty \mathrm{e}^{-\lambda t}\mathrm{e}^{-\lambda s}(\lambda t)^n\mathrm{d}G(\lambda)}{\displaystyle\int_0^\infty \mathrm{e}^{-\lambda t}(\lambda t)^n\mathrm{d}G(\lambda)}.$$

(4)

$$\lim_{h\to0}\int_0^\infty\frac{1-\mathrm{e}^{-\lambda h}}{h}\mathrm{d}G(\lambda)=\int_0^\infty\lim_{h\to0}\frac{1-\mathrm{e}^{-\lambda h}}{h}\mathrm{d}G(\lambda)=\int_0^\infty\lambda\mathrm{d}G(\lambda).$$

(5)同分布但不独立.

17. 设电话总机在 $(0,t]$ 内接到电话呼叫次数 $X(t)$ 是具有强度(每分钟) λ 的 Poisson 过程. 求:

(1)两分钟接到 3 次呼叫的概率;

(2)第二分钟内接到第 3 次呼叫的概率.

解　(1) $P[X(t+2)-X(t)=3]=\dfrac{(2\lambda)^3}{3!}e^{-2\lambda}.$

$(2)\,p=\displaystyle\sum_{k=0}^{2}P[X(1)-X(0)=k,X(2)-X(1)\geqslant 3-k]$

$=\displaystyle\sum_{k=0}^{2}P[X(1)-X(0)=k]P[X(2)-X(1)\geqslant 3-k]$

$=e^{-\lambda}(1-e^{-\lambda}-\lambda e^{-\lambda}-\dfrac{\lambda^2}{2}e^{-\lambda})+\lambda e^{-\lambda}(1-e^{-\lambda}-\lambda e^{-\lambda})+\dfrac{\lambda^2}{2}e^{-\lambda}(1-e^{-\lambda})$

$=e^{-\lambda}[(1+\lambda+\dfrac{\lambda^2}{2})-e^{-\lambda}(1+2\lambda+2\lambda^2)].$

18. 设移民到某地区定居的户数是一 Poisson 过程,平均每周有两户定居,即 $\lambda=2$. 如果每户的人口数是随机变量,一户四人的概率为 $\dfrac{1}{6}$,一户三人的概率为 $\dfrac{1}{3}$,一户两人的概率为 $\dfrac{1}{3}$,一户一人的概率为 $\dfrac{1}{6}$,并且每户的人口数是相互独立的,求在五周内移民到该地区人口的数学期望与方差.

解　设 $N(t)$ 为在时间 $[0,t]$ 内的移民户数, Y_i 表示每户的人口数,则在 $[0,t]$ 内的移民人数

$$X(t)=\sum_{i=1}^{N(t)}Y_i$$

是一个复合 Poisson 过程. Y_i 是相互独立且具有相同分布的随机变量,其分布列为

$$P(Y_i=1)=P(Y_i=4)=\frac{1}{6},$$

$$P(Y_i=2)=P(Y_i=3)=\frac{1}{3},$$

$$E(Y_i)=\frac{15}{6},\ E(Y_i^2)=\frac{43}{6}.$$

根据题意得知 $N(t)$ 在 5 周内是强度为 10 的 Poisson 过程,由教材定理 2.4.7 结论

（iii）可得

$$m_x(5) = 10 \times E(Y_1) = 10 \times \frac{15}{6} = 25,$$

$$D_x(5) = 10 \times E(Y_1^2) = 10 \times \frac{43}{6} = \frac{215}{3}.$$

19. 设随机变量序列满足 $\{X_n, n \geq 0\}$，$E(|X_n|) < \infty$，且

$$E(X_{n+1}|X_0, X_1, \cdots, X_n) = \alpha X_n + \beta X_{n-1}, \quad n \geq 1, \beta, \alpha > 0.$$

令 $Y_n = X_n + bX_{n-1}, n \geq 1, Y_0 = X_0$. 选择适合的 α, β, b 使得 $\{Y_n, n \geq 0\}$ 关于 $\{X_n, n \geq 0\}$ 是鞅.

解 $E(|Y_n|) = E(|X_n + bX_{n-1}|) \leq E(|X_n|) + |b|E(|X_{n-1}|) < \infty$.

$$E(Y_{n+1}|X_0, X_1, \cdots, X_n) = E(X_{n+1} + bX_n|X_0, X_1, \cdots, X_n)$$

$$= E(X_{n+1}|X_0, X_1, \cdots, X_n) + bX_n$$

$$= \alpha X_n + \beta X_{n-1} + bX_n$$

$$= (\alpha + b)X_n + \beta X_{n-1},$$

要使得 $\{Y_n, n \geq 0\}$ 关于 $\{X_n, n \geq 0\}$ 是鞅，必须有

$$E(Y_{n+1}|X_0, X_1, \cdots, X_n) = Y_n,$$

即 $(\alpha + b)X_n + \beta X_{n-1} = X_n + bX_{n-1}$，因此 $\alpha + b = 1, \beta = b$ 或 $b = \beta = 1 - \alpha$.

20. 设 $\{W(t), t \geq 0\}$ 是参数为 σ^2 的 Wiener 过程，求下列过程的均值函数和相关函数：

（1）$X(t) = W^2(t), t \geq 0$；

（2）$X(t) = tW\left(\dfrac{1}{t}\right), t \geq 0$；

（3）$X(t) = c^{-1}W(c^2 t), t \geq 0$；

（4）$X(t) = W(t) - tW(t), 0 \leq t \leq 1$.

解 （1）$E[X(t)] = E[W^2(t)] = \sigma^2 t$；

当 $s < t$ 时，由独立增量性以及第 21 页习题 18 的结果，可得

$$R_X(s, t) = E[W^2(s)W^2(t)]$$

$$= E\{[W^2(t) - W^2(s)]W^2(s)\} + E[W^4(s)]$$

$$= E[W^2(t) - W^2(s)]E[W^2(s)] + E[W^4(s)]$$

$$= \sigma^4 s(t - s) + 3\sigma^4 s^2 = \sigma^4 st + 2\sigma^4 s^2.$$

同理,当 $s \geq t$ 时, $R_X(s,t) = \sigma^4 st + 2\sigma^4 t^2$.

因此, $R_X(s,t) = \sigma^4 st + 2\sigma^4 \{\min(s,t)\}^2$.

$(2) E[X(t)] = E[tW(\frac{1}{t})] = 0$;

$$R_X(s,t) = E[sW(\frac{1}{s})tW(\frac{1}{t})] = stE[W(\frac{1}{s})W(\frac{1}{t})]$$

$$= st\sigma^2 \min(\frac{1}{s},\frac{1}{t}) = \sigma^2 \min(s,t).$$

$(3) E[X(t)] = E[c^{-1}W(c^2 t)] = c^{-1}E[W(c^2 t)] = 0$;

$$R_X(s,t) = E[X(s)X(t)] = E[c^{-1}W(c^2 s) \cdot c^{-1}W(c^2 t)]$$

$$= c^{-2}E[W(c^2 s)W(c^2 t)]$$

$$= c^{-2} \cdot \sigma^2 \cdot c^2 \min(s,t) = \sigma^2 \min(s,t).$$

$(4) E[X(t)] = E[W(t) - tW(t)] = 0$;

$$R_X(s,t) = E[X(s)X(t)]$$

$$= E\{[W(s) - sW(s)][W(t) - tW(t)]\}$$

$$= (1-s)(1-t)E[W(s)W(t)]$$

$$= (1-s)(1-t)\sigma^2 \min(s,t).$$

21. 有红、绿、蓝 3 种颜色的车,分别以强度为 $\lambda_R,\lambda_G,\lambda_B$ 的 Poisson 流到达某哨卡,设它们是相互独立的. 把汽车合并成单个输出过程(假设汽车没有长度,没有延时).

(1)求两辆汽车之间的时间间隔的概率密度函数;

(2)求在 t_0 时刻观察到一辆红色汽车,下一辆汽车将是(a)红色,(b)蓝色,(c)非红色的概率;

(3)求在 t_0 时刻观察到一辆红色汽车,下三辆是红色,然后又是一辆非红色汽车将到达的概率.

解　(1)由于独立的 Poisson 过程之和仍然是 Poisson 过程,且强度为

$$\lambda_C = \lambda_R + \lambda_G + \lambda_B.$$

设 Z_C 为两辆汽车到达的时间间隔,则其概率密度函数为

$$p_{Z_C}(z) = \begin{cases} \lambda_C \cdot z e^{-\lambda_C z}, & z \geq 0, \\ 0, & z < 0. \end{cases}$$

(2)设 Z_R, Z_C, Z_B 分别为两辆红色、绿色、蓝色汽车到达的时间间隔, Z_X 为红色与非红色汽车到达的时间间隔. 由(1)知 Z_X 的概率密度函数为

$$p_{Z_X}(z) = \begin{cases} (\lambda_B + \lambda_G) e^{-(\lambda_B + \lambda_G) \cdot z}, & z \geq 0, \\ 0, & z < 0, \end{cases}$$

设 $\lambda_X = \lambda_B + \lambda_G$. 由于 Z_X 与 Z_R 相互独立, 故下一辆是红色汽车的概率密度为

$$P\{\text{下一辆车是红色汽车}\} = P\{Z_R < Z_X\}.$$

$$= \int_0^\infty \lambda_R e^{-\lambda_R \cdot z_R} dz_R \int_{z_R}^\infty \lambda_X e^{-\lambda_X \cdot z_X} dz_X$$

$$= \frac{\lambda_R}{\lambda_R + \lambda_X} = \frac{\lambda_R}{\lambda_R + \lambda_G + \lambda_B},$$

令 Z_Y 是从 t_0 算起的非蓝色汽车的到达时刻, 则同理可得

$$P\{\text{下一辆车是蓝色汽车}\} = P\{Z_B < Z_Y\} = \frac{\lambda_B}{\lambda_R + \lambda_G + \lambda_B},$$

$$P\{\text{下一辆车是非红色汽车}\} = 1 - \frac{\lambda_R}{\lambda_R + \lambda_G + \lambda_B} = \frac{\lambda_G + \lambda_B}{\lambda_R + \lambda_G + \lambda_B}.$$

(3)来到的是三辆红色汽车, 然后是一辆非红色汽车发生的概率为

$$P = \left(\frac{\lambda_R}{\lambda_R + \lambda_G + \lambda_B}\right)^3 \frac{\lambda_G + \lambda_B}{\lambda_R + \lambda_G + \lambda_B}.$$

22. 设 $\{X_n, n = 0, 1, 2, \cdots\}$ 是随机变量序列, $v_n = g_n(X_0, X_1, \cdots, X_{n-1})$, $|v_n| \leq K$, 令 $Y_0 = X_0$,

$$Y_n = \sum_{k=1}^n v_k(X_k - X_{k-1}) + X_0.$$

(1) 若 $\{X_n, n = 0, 1, 2, \cdots\}$ 是下鞅, $v_n \geq 0$, 则

$$E(Y_{n+1} | X_0, X_1, \cdots, X_n) \geq Y_n, \quad n = 0, 1, 2, \cdots;$$

(2) 若 $\{X_n, n = 0, 1, 2, \cdots\}$ 是上鞅, $v_n \geq 0$, 则

$$E(Y_{n+1} | X_0, X_1, \cdots, X_n) \leq Y_n, \quad n = 0, 1, 2, \cdots;$$

(3) 若 $\{X_n, n = 0, 1, 2, \cdots\}$ 是鞅, 则

$$E(Y_{n+1} | X_0, X_1, \cdots, X_n) = Y_n, \quad n = 0, 1, 2, \cdots.$$

证明   因为 $E(|X_n|) < +\infty, n = 0, 1, 2, \cdots,$ 所以

$$E(|Y_n|) = E\Big[| \sum_{k=1}^{n} v_k (X_k - X_{k-1}) + X_0 | \Big]$$

$$\leqslant \sum_{k=1}^{n} |v_k| \big[E(|X_k|) + E(|X_{k-1}|) \big] + E(|X_0|) < +\infty,$$

又因为

$$E(Y_{n+1} | X_0, X_1, \cdots, X_n) = E\big[Y_n + v_{n+1}(X_{n+1} - X_n) | X_0, X_1, \cdots, X_n \big]$$

$$= E(Y_n | X_0, X_1, \cdots, X_n) + E\big[v_{n+1}(X_{n+1} - X_n) | X_0, X_1, \cdots, X_n \big]$$

$$= Y_n + E\big[v_{n+1}(X_{n+1} - X_n) | X_0, X_1, \cdots, X_n \big]$$

$$= Y_n + v_{n+1} \big[E(X_{n+1} | X_0, X_1, \cdots, X_n) - E(X_n | X_0, X_1, \cdots, X_n) \big]$$

$$= Y_n + v_{n+1} \big[E(X_{n+1} | X_0, X_1, \cdots, X_n) - X_n \big]. \qquad (*)$$

(1)若 $\{X_n, n = 0, 1, 2, \cdots\}$ 是下鞅,则

$$E(X_{n+1} | X_0, X_1, \cdots, X_n) \geqslant X_n, \quad n = 0, 1, 2, \cdots.$$

因此由(*)式可得,当 $v_n \geqslant 0$ 时,

$$E(Y_{n+1} | X_0, X_1, \cdots, X_n) \geqslant Y_n, \quad n = 0, 1, 2, \cdots.$$

(2)若 $\{X_n, n = 0, 1, 2, \cdots\}$ 是上鞅,则

$$E(X_{n+1} | X_0, X_1, \cdots, X_n) \leqslant X_n, \quad n = 0, 1, 2, \cdots,$$

因此由(*)式可得,当 $v_n \geqslant 0$ 时,

$$E(Y_{n+1} | X_0, X_1, \cdots, X_n) \leqslant Y_n, \quad n = 0, 1, 2, \cdots.$$

(3)若 $\{X_n, n = 0, 1, 2, \cdots\}$ 是鞅,则

$$E(X_{n+1} | X_0, X_1, \cdots, X_n) = X_n, \quad n = 0, 1, 2, \cdots,$$

因此由(*)式可得

$$E(Y_{n+1} | X_0, X_1, \cdots, X_n) = Y_n, \quad n = 0, 1, 2, \cdots.$$

23. 设 Y_n 和 X_n 为两个随机变量序列,$E(|Y_n|) < \infty, n = 0, 1, \cdots,$ 记

$$Z_0 = 0,$$

$$Z_n = Y_n - E(Y_n | X_0, X_1, \cdots, X_{n-1}), \quad n \geqslant 1,$$

$$M_n = \sum_{i=1}^{n} Z_i,$$

则 $\{M_n\}$ 关于 $\{X_n\}$ 为鞅.

证 $E(|Z_n|) \leqslant E(|Y_n|) + E[E(|Y_n| \mid X_0, X_1, \cdots, X_{n-1})] = 2(E|Y_n|)$，故

$$E(|M_n|) \leqslant 2\sum_{i=1}^{n} E(|Y_i|) < \infty,$$

由 Z_n 的定义可知 Z_n 为 $X_0, X_1, \cdots, X_n$ 的函数，故 M_n 是 $X_0, X_1, \cdots, X_n$ 的函数，由条件期望的性质有

$E(M_{n+1} \mid X_0, \cdots, X_n)$

$= E[(M_n + Z_{n+1}) \mid X_0, X_1, \cdots, X_n]$

$= E(M_n \mid X_0, X_1, \cdots, X_n) - E(Z_{n+1} \mid X_0, X_1, \cdots, X_n)$

$= M_n + E[Y_{n+1} - E(Y_{n+1} \mid X_0, X_1, \cdots, X_n) \mid X_0, X_1, \cdots, X_n]$

$= M_n + E(Y_{n+1} \mid X_0, X_1, \cdots, X_n) - E[E(Y_{n+1} \mid X_0, X_1, \cdots, X_n) \mid X_0, X_1, \cdots, X_n]$

$= M_n + E(Y_{n+1} \mid X_0, X_1, \cdots, X_n) - E(Y_{n+1} \mid X_0, X_1, \cdots, X_n)$

$= M_n.$

Chapter 3　更新过程

3.1　内容提要

1. 更新过程的定义

设非负随机变量 $X_i, i = 1, 2, \cdots$ 独立同分布,分布函数为 $F(x)$,记 $W_n = \sum_{i=1}^{n} X_i$,则称 $N(t) = \max\{n : W_n \leqslant t\}$ 为更新过程.

以上定义中,若 $X_i, i = 1, 2, \cdots$ 同服从参数为 λ 的指数分布,则 $N(t)$ 就是强度为 λ 的 Poisson 过程. 因此更新过程是 Poisson 过程的推广,或者说 Poisson 过程是更新过程的特例.

2. 更新函数

称更新过程 $\{N(t), t \geqslant 0\}$ 的均值函数 $m(t) = E[N(t)]$ 为更新函数.

更新函数为分布函数 $F(t)n$ 的重卷积之和

$$m(t) = \sum_{n=1}^{\infty} Fn(t)$$

其中,$Fn = \underbrace{F * F * F * \cdots * F}_{n\uparrow}$;$m(t)$ 是关于 t 的增函数,且 $\forall t \geqslant 0, n(t) < \infty$.

3. 更新方程

一般,称形如

$$K(t) = h(t) + \int_0^t K(t-x)\,\mathrm{d}F(x), \quad t \geqslant 0$$

的积分方程为更新方程,其中,$h(t)$、$F(t)$ 均为已知函数.

若到达时间间隔 X_1 的数学期望为 $\mu = E(X_1)$,则有

$$P\left[\lim_{t \to \infty} \frac{N(t)}{t} = \frac{1}{\mu}\right] = 1.$$

4. 停时及其应用

设 $\{x_n, n \geqslant 1\}$ 为随机序列，N 为取非负整数的随机变量，如果对任意非负整数 n，事件 $\{N = n\}$ 仅依赖于 $X_1, X_2, \cdots, X_n$ 而与 $X_{n+1}, X_{n+2}, \cdots$ 独立，则称 N 关于 $\{X_n, n \geqslant 1\}$ 是停时.

在应用上有，设随机序列 $\{X_n, n \geqslant 1\}$ 独立同分布，$\mu = E(X_1) < \infty$. N 是关于 $\{X_n, n \geqslant 1\}$ 的停时，且 $E(N) < \infty$，则

$$E\Big(\sum_{n=1}^{N} X_n \Big) = E(X_1) E(N).$$

5. 更新定理

更新定理有以下 3 种形式.

a. 基本更新定理

设 $\{X_n, n = 1, 2, \cdots\}$ 是一列独立同分布的非负随机变量，$E(X_n) = \mu$，则

$$\lim_{t \to \infty} \frac{m(t)}{t} = \frac{1}{\mu}.$$

b. Blackwell 更新定理

设 $\{X_n, n = 1, 2, \cdots\}$ 是一列独立同分布的非负随机变量，$F(x)$ 是其分布函数，更新函数为 $m(t) = \sum_{n=1}^{\infty} Fn(t)$.

(1)若 F 是非格子点的，则 $\forall a \geqslant 0$，有

$$\lim_{t \to \infty} \big[m(t+a) - m(t) = \frac{a}{\mu} \big];$$

(2)若 F 是格子点的，周期为 d，则有

$$\lim_{t \to \infty} \{ m[(n+1)d] - m(nd) \} = \frac{d}{\mu}.$$

c. 关键更新定理

设 F 是均值为 μ 的非负随机变量的分布函数，$F(0) < 1$，$h(t)$ 是直接黎曼可积的，则

$$H(t) = h(t) + \int_0^t h(t-s) \, \mathrm{d}m(s)$$

是更新方程的解.

(1)若 F 是非格子点的，则有

$$\lim_{t \to \infty} H(t) = \begin{cases} \dfrac{1}{\mu} \displaystyle\int_0^\infty h(t)\,\mathrm{d}t, & \mu < \infty, \\ 0, & \mu = \infty. \end{cases}$$

(2)若 F 是格子点的,则 $\forall\, a > 0$,有

$$\lim_{n \to \infty} H(a + nd) = \begin{cases} \displaystyle\int \dfrac{d}{\mu} \sum_{n=0}^\infty h(a + nd), & \mu < \infty, \\ 0, & \mu = \infty. \end{cases}$$

6. 延迟更新过程

更新过程要求更新时间间隔 $X_1, X_2, \cdots$ 是独立同分布的随机变量列. 如果 X_1 的分布为 G 且 $X_1, X_2, \cdots$ 的分布同为 F,则称由独立变量序列 $X_1, X_2, \cdots$ 确定的计数过程是延迟更新过程.

7. 交替更新定理

假设随机向量序列 $\{(Z_n, Y_n), n \geq 1\}$ 是独立同分布的. Z_i、Y_i 允许不独立. 系统持续开了一段时间 Z_1 后变成关,而后续关了一段时间 Y_1 后变成开. Z_2 和 Y_2 类似开关交替重复下去。令 $P(t) = P($时刻 t 系统处于开$)$.

若 $E(X_n) < \infty$,其中,$X_n = Z_n + Y_n$ 且下为非格子点分布,则

$$\lim_{t \to \infty} P(t) = \frac{E(Z_1)}{E(Z_1) + E(Y_1)}.$$

8. 更新报酬过程

设更新过程 $\{N(t), t \geq 0\}$ 的到达时间间隔为 $X_n, n \geq 1$,每次更新获得一份酬劳 R_n,$\{(X_n, R_n), n \geq 1\}$ 独立同分布,其中,R_n 依赖于 X_n,即 R_n 与 X_1 不独立. t 时刻为止的总报酬为

$$R(t) = \sum_{n=1}^{N(t)} R_n,$$

若 $E(R) < \infty$,$E(X) < \infty$,则有

(a) $P\left[\lim_{t \to \infty} \dfrac{R(t)}{t} = \dfrac{E(R)}{E(X)} \right] = 1$;

(b) $\lim_{t \to \infty} \dfrac{E[R(t)]}{t} = \dfrac{E(R)}{E(X)}.$

3.2 习题解答

1. 更新过程 $\{N(t), t \geq 0\}$，已知 $P(X_n = 1) = \dfrac{1}{3}, P(X_n = 2) = \dfrac{2}{3}$.

(1)计算 $P[N(1) = n]$；(2)$P[N(2) = n]$；(3)$P[N(3) = n]$.

解　设 $S_0 = 0, S_n = \displaystyle\sum_{k=1}^{n} X_k$.

(1)

$$n = 0, P[N(1) = 0] = P(S_0 \leq 1 < S_1) = P(X_1 > 1) = P(X_1 = 2) = \frac{2}{3},$$

$$n = 1, P[N(1) = 1] = P(S_1 \leq 1 < S_2) = P(X_1 \leq 1) = P(X_1 = 1) = \frac{1}{3},$$

$$n > 1, P[N(1) = n] = 0.$$

(2)

$$n = 0, P[N(2) = 0] = P(S_0 \leq 2 < S_1) = 0,$$

$$n = 1, P[N(2) = 1] = P(S_1 \leq 2 < S_2) = P(X_1 = 1, X_2 = 2) + P(X_1 = 2, X_2 = 1) +$$

$$P(X_1 = 2, X_2 = 2) = \frac{8}{9},$$

$$n = 2, P[N(2) = 2] = P(S_2 \leq 2 < S_3) = P(X_1 = 1, X_2 = 1) = \frac{1}{9},$$

$$n > 2, P(N(2) = n) = 0.$$

(3)

$$n = 0, P[N(3) = 0] = P(S_0 \leq 3 < S_1) = 0,$$

$$n = 1, P[N(3) = 1] = P(S_1 \leq 3 < S_2) = P(X_1 = 2, X_2 = 2) = \frac{4}{9},$$

$$n = 2, P[N(3) = 2] = P(S_2 \leq 3 < S_3) = P(X_1 = 1, X_2 = 1, X_3 = 2) + P(X_1 = 1,$$

$$X_2 = 2) + P(X_1 = 2, X_2 = 1) = \frac{14}{27},$$

$$n = 3, P[N(3) = 3] = P(S_3 \leq 3 < S_4) = P(X_1 = 1, X_2 = 1, X_3 = 1) = \frac{1}{27},$$

$$n > 4, P[N(3) = n] = 0.$$

2. 更新过程的更新间隔 X 服从参数为 λ 的指数分布.

(1)求 X 的特征函数；

(2)求第 n 次到达时间 S_n 的特征函数以及 S_n 的概率分布函数;

(3)求计数过程 $N(t)$ 的分布.

解　(1)$\phi_X(t) = E(e^{itX}) = \int_0^\infty e^{itx} \lambda e^{-\lambda x} dx = \dfrac{\lambda}{\lambda - it}$.

(2)$S_n = \sum_{k=1}^n X_k$,则 S_n 的特征函数

$$\phi_{S_n}(t) = [\phi_X(t)]^n = \left(\frac{\lambda}{\lambda - it}\right)^n.$$

$\phi_{S_n}(t)$ 的傅立叶变换是 S_n 的密度函数

$$f_{S_n}(x) = e^{-\lambda x} \frac{\lambda^n x^{n-1}}{(n-1)!}, \quad x > 0.$$

S_n 的分布函数

$$F_{S_n}(x) = 1 - e^{-\lambda x} \sum_{i=0}^{n-1} \frac{(\lambda x)^i}{i!}, \quad x > 0.$$

(3)$N(t)$ 的分布函数

$$F_{N(t)}(k) = P(N(t) \leq k) = P(S_{k+1} \geq t) = e^{-\lambda x} \sum_{i=0}^{k} \frac{(\lambda x)^i}{i!},$$

即 $N(t)$ 服从参数为 λt 的 Poisson 分布.

3. 更新间隔 $\{X_n, n \geq 1\}$ 是独立同分布随机变量序列,X_n 的概率密度函数 $f(x) = \lambda^2 x e^{-\lambda x}, x \geq 0$,求更新函数 $m(t)$.

解　X_1 的特征函数为

$$\phi(u) = E(e^{iuX_1}) = \frac{\lambda^2}{(\lambda - iu)^2},$$

又 $S_n = \sum_{k=1}^n X_k$,则 S_n 的特征函数

$$\phi_{S_n}(u) = [\phi_{X_1}(u)]^n = \left(\frac{\lambda}{iu - \lambda}\right)^{2n}.$$

$\phi_{S_n}(u)$ 的傅立叶变换是 S_n 的密度函数

$$f_{S_n}(t) = e^{-\lambda x} \frac{\lambda^{2n} x^{2n-1}}{(2n-1)!}, \quad x > 0.$$

S_n 的分布函数

$$F_{S_n}(x) = 1 - e^{-\lambda x} \sum_{i=0}^{2n-1} \frac{(\lambda x)^i}{i!}, \quad x > 0.$$

$$P[N(t) = n] = F_{S_n}(t) - F_{S_{n+1}}(t) = e^{-\lambda t} \sum_{i=2n}^{2n+1} \frac{(\lambda t)^i}{i!}.$$

因此,更新函数

$$m(t) = E[N(t)] = \sum_{n=1}^{\infty} nP[N(t) = n]$$

$$= \sum_{n=1}^{\infty} n e^{-\lambda t} \left[\frac{(\lambda t)^{2n}}{(2n)!} + \frac{(\lambda t)^{2n+1}}{(2n+1)!} \right]$$

$$= \frac{1}{2} e^{-\lambda t} \left[\sum_{n=1}^{\infty} 2n \frac{(\lambda t)^{2n}}{(2n)!} + \sum_{n=1}^{\infty} (2n+1) \frac{(\lambda t)^{2n+1}}{(2n+1)!} - \sum_{n=1}^{\infty} \frac{(\lambda t)^{2n+1}}{(2n+1)!} \right]$$

$$= \frac{1}{2} e^{-\lambda t} \sum_{k=0}^{\infty} k \frac{(\lambda t)^{k}}{k!} - \frac{1}{2} e^{-\lambda t} \sum_{n=0}^{\infty} \frac{(\lambda t)^{2n+1}}{(2n+1)!}$$

$$= \frac{1}{2} \lambda t - \frac{1}{4} + \frac{1}{4} e^{-2\lambda t}.$$

4. (1)当某元件失效时,立刻更换新的元件. 元件的寿命是在 30 h 到 60 h 均匀分布的随机变量,问长时间工作情况下,更换该元件的速率?

(2)当元件失效时,立刻去市场购买备用元件,购买备用元件的时间也是一个均匀分布的随机变量,均匀分布于 0 到 1 h 之间,问长时间工作情况下,更换元件的速率?

解 (1)$N(t)$ 表示到 t 时刻更换元件的数量,则长时间工作的情况下,元件的更换速率

$$\lim_{t \to \infty} \frac{N(t)}{t} = \frac{1}{\mu},$$

其中,μ 是元件平均寿命,则 $\mu = \int_{30}^{60} t \frac{1}{60-30} \, dt = 45$ h.

因此长时间工作情况下,更换该元件的速率是每小时更换 $\frac{1}{45}$ 次.

(2)两次更换的间隔平均时间为 $\left(45 + \frac{1}{2}\right)$ h. 因此长时间工作情况下,更换该元件的速率是每小时更换 $\frac{1}{45.5} = \frac{2}{91}$ 次.

5. 如果事件的间隔 X_n 服从负指数分布,试计算更新计数过程 $\{N(t), t \geq 0\}$ 的分布.

解 如果事件的间隔 X_n 服从负指数分布,事件的时间间隔的概率密度函数和概率分布函数为

$$f(t) = \lambda e^{-\lambda t},$$

$$F(t) = \int_0^t \lambda e^{-\lambda t} dt = 1 - e^{-\lambda t}.$$

于是有

$$f(t) = \lambda e^{-\lambda t},$$

$$f_2(t) = f * f(t) = \int_0^t \lambda e^{-\lambda u} \cdot \lambda e^{-\lambda(t-u)} du = \lambda t e^{-\lambda t} \cdot \lambda,$$

$$f_3(t) = \frac{(\lambda t)^2}{2!} e^{-\lambda t} \cdot \lambda,$$

......

$$f_n(t) = \frac{(\lambda t)^{n-1}}{(n-1)!} e^{-\lambda t} \cdot \lambda,$$

......

相应地

$$F(t) = \int_0^t f(t) dt = \int_0^t \lambda e^{-\lambda t} dt = 1 - e^{-\lambda t},$$

$$F_2(t) = \int_0^t f_2(t) dt = \int_0^t \lambda t e^{-\lambda t} \cdot \lambda dt = 1 - e^{-\lambda t} - \lambda t e^{-\lambda t},$$

$$F_3(t) = \int_0^t f_3(t) dt = \int_0^t \frac{(\lambda t)^2}{2!} e^{-\lambda t} \cdot \lambda dt = 1 - e^{-\lambda t} - \lambda t e^{-\lambda t} - \frac{(\lambda t)^2}{2!} e^{-\lambda t},$$

......

$$F_n(t) = \int_0^t f_n(t) dt = \int_0^t \frac{(\lambda t)^{n-1}}{(n-1)!} e^{-\lambda t} \cdot \lambda dt = 1 - \sum_{k=1}^n \frac{(\lambda t)^{k-1}}{(k-1)!} e^{-\lambda t},$$

......

更新计数过程的分布:

$$P[N(t) = n] = F_n(t) - F_{n+1}(t)$$

$$= \left[1 - \sum_{k=1}^n \frac{(\lambda t)^{k-1}}{(k-1)!} e^{-\lambda t} \right] - \left[1 - \sum_{k=1}^{n+1} \frac{(\lambda t)^{k-1}}{(k-1)!} e^{-\lambda t} \right].$$

$$= \frac{(\lambda t)^n}{n!} e^{-\lambda t}.$$

6. 设随机过程 $\{X(t), t \geq 0\}$ 有 n 个状态 $1, 2, \cdots, n$,最初过程在状态 1,停留在该状态的时间有分布 F_1,离开 1 后到达状态 2,在那停留的时间有分布 F_2,离开 2 后它再到达状态 $3, \cdots$,最后从状态 n 回到 1,重新开始循环,假设进到状态 1 之间的时间的分布 H 是非格子点的且均值有限,试求 $\lim_{t \to \infty} P($ 在时刻 t 过程处于 $i)$.

　　解　当过程处于状态 i 时称系统开着,当过程处于其他状态时称系统关着,则系统为延迟的交替更新过程,每当过程进入 i 状态则开始一次更新,由于进到状态 i 之间的时间与进到状态 1 之间的时间相等,而进入状态 1 之间的时间分布 H 是非格子点的且均值有限,所以进到状态 i 之间的时间分布 H 是非格子点的且均值有限,由交替更新过程定义有

$$\lim_{t \to \infty} P[X(t) = i] = \frac{E(X_i)}{E(X_1 + X_2 + \cdots + X_n)} = \frac{\int_0^\infty x \mathrm{d}F_i(x)}{\int_0^\infty x \mathrm{d}H(x)},$$

其中,X_k 是过程在状态 k 停留的时间,F_k 是 X_k 的分布函数,$k = 1, 2, \cdots, n$.

7. 一辆小汽车的寿命 Y 是分布为 F 的随机变量,当汽车损坏或用了 A 年时,车主就以旧换新.以 $R(A)$ 记一辆用了 A 年的旧车的卖出价格.一辆损坏的车没有任何价值.以 C_1 记一辆新车的价格,且假设每当车子损坏时还要额外承担费用 C_2.

(1)每当购置一新车时就说一个循环开始,计算长时间后的单位时间的平均费用.

(2)每当使用中的汽车损坏时就说一个循环开始,计算长时间后的单位时间的平均费用.

解 (1)一个循环的时间为 $X_a = \min(Y, A)$,$\overline{F}(y) = 1 - F(y)$,所以

$$E(X_a) = \int_0^\infty P[\min(Y, A) > y] \mathrm{d}y = \int_0^\infty P(Y > y, A > y) \mathrm{d}y$$

$$= \int_0^A P(Y > y) \mathrm{d}y = \int_0^A \overline{F}(y) \mathrm{d}y.$$

一个循环的平均费用为

$$E(R_a) = C_1 + E(R_a | Y \leqslant A) P(Y \leqslant A) + E(R_a | Y > A) P(Y > A)$$

$$= C_1 + C_2 F(A) - R(A) \overline{F}(A),$$

因此

$$平均费用 = \frac{E(R_a)}{E(X_a)} = \frac{C_1 + C_2 F(A) - R(A) \overline{F}(A)}{\int_0^A \overline{F}(y) \mathrm{d}y}.$$

(2)设 Z 为一个循环使用的汽车数,Y_i 为第 i 辆车的寿命,且 Y_i 独立同分布,因此有

$$P(Z = n) = P(Y_i > A, i = 1, 2, \cdots, n-1, Y_n \leqslant A)$$

$$= P^{n-1}(Y > A) P(Y \leqslant A) = \overline{F}^{n-1}(A) F(A), \quad n = 1, 2, \cdots$$

所以,$Z \sim G[F(A)]$,故 $E(Z) = \dfrac{1}{F(A)}$.

设一个循环的时间为 X_b,对 Z 取条件,由条件期望公式得

$$E(X_b) = \sum_{n=1}^{\infty} E(X_b | Z = n) P(Z = n)$$

$$= \sum_{n=1}^{\infty} E[(n-1)A + (Y|Y < A)] P(Z = n) \qquad (\ast)$$

$$= AE(Z) - A + E(Y|Y < A),$$

又因为

$$E(Y|Y < A) = \frac{E(Y \cdot I_{(Y<A)})}{P(Y < A)} = \frac{\int_0^{\infty} P(Y \cdot I_{(Y<A)} > y) \, \mathrm{d}y}{F(A)}$$

$$= \frac{1}{F(A)} \int_0^A P(y < Y < A) \, \mathrm{d}y,$$

代入($\ast$)式得

$$E(X_b) = \frac{1}{F(A)} \left\{ A - AF(A) + \int_0^A [F(A) - F(y)] \, \mathrm{d}y \right\}$$

$$= \frac{1}{F(A)} \int_0^A [1 - F(A)] \, \mathrm{d}y + \int_0^A [F(A) - F(y)] \, \mathrm{d}y$$

$$= \frac{1}{F(A)} \int_0^A \overline{F}(y) \, \mathrm{d}y.$$

同样,设一个循环的费用为 R_b,对 Z 取条件得

$$E(R_b) = \sum_{n=1}^{\infty} E(R | Z = n) P(Z = n)$$

$$= \sum_{n=1}^{\infty} E[nC_1 - (n-1)R(A) + C_2] P(Z = n)$$

$$= [C_1 - R(A)] E(Z) + R(A) + C_2$$

$$= \frac{1}{F(A)} [C_1 - R(A) + R(A)F(A) + C_2 F(A)]$$

$$= \frac{1}{F(A)} [C_1 - R(A)\overline{F}(A) + C_2 F(A)].$$

因此,

$$\text{平均费用} = \frac{E(R_b)}{E(X_b)} = \frac{C_1 - R(A)\overline{F}(A) + C_2 F(A)}{\int_0^A \overline{F}(y) \, \mathrm{d}y},$$

比较(1)和(2)可得

$$\frac{E(R_b)}{E(X_b)} = \frac{E(R_a)}{E(X_a)}.$$

8. 设 $\{N(t), t \geq 0\}$ 是更新过程，$m(t)$ 是更新函数，$F(x)$ 是更新间距 X_n $(n = 1, 2, \cdots)$ 的分布函数，证明：$S_{N(t)}$ 的分布函数为

$$F_{S_{N(t)}}(x) = P(S_{N(t)} \leq x) = \begin{cases} \overline{F}(t) + \int_0^x \overline{F}(t-y) \, dm(y), & x < t, \\ 1, & x \geq t. \end{cases}$$

其中，$\overline{F}(x) = 1 - F(x)$ 为生存函数.

证明 当 $x < t$ 时，

$$F_{S_{N(t)}}(x) = P(S_{N(t)} \leq x) = \sum_{n=0}^{+\infty} P(S_n \leq x, S_{n+1} > t)$$

$$= P(S_1 > t) + \sum_{n=1}^{+\infty} P(S_n \leq x, S_{n+1} > t)$$

$$= P(X_1 > t) + \sum_{n=1}^{+\infty} \int_0^{+\infty} P(S_n \leq x, S_{n+1} > t \mid S_n = y) \, dF_n(y)$$

$$= \overline{F}(t) + \sum_{n=1}^{+\infty} \int_0^x P(S_{n+1} > t \mid S_n = y) \, dF_n(y)$$

$$= \overline{F}(t) + \sum_{n=1}^{+\infty} \int_0^x P(S_1 > t - y) \, dF_n(y)$$

$$= \overline{F}(t) + \sum_{n=1}^{+\infty} \int_0^x P(X_1 > t - y) \, dF_n(y)$$

$$= \overline{F}(t) + \sum_{n=1}^{+\infty} \int_0^x \overline{F}(t-y) \, dF_n(y)$$

$$= \overline{F}(t) + \int_0^x \overline{F}(t-y) \, d\left[\sum_{n=1}^{+\infty} F_n(y) \right]$$

$$= \overline{F}(t) + \int_0^x \overline{F}(t-y) \, dm(y).$$

9. 设 $\{N(t), t \geq 0\}$ 是一更新过程，其更新间距的概率密度函数为

$$f(x) = \begin{cases} \alpha e^{-\alpha(x-\beta)}, & x > \beta, \\ 0, & x \leq \beta. \end{cases}$$

试求 $P[N(t) \geq k]$.

解 设 $T_1, T_2, \cdots, T_n, \cdots$ 是更新间距，则其概率密度函数均为

$$f(x) = \begin{cases} \alpha e^{-\alpha(x-\beta)}, & x > \beta, \\ 0, & x \leq \beta. \end{cases}$$

由于 $\tau_n = T_1 + T_2 + \cdots + T_n$,因而

$$f_{\tau_1}(t) = f(t) = \begin{cases} \alpha e^{-\alpha(t-\beta)}, & t > \beta, \\ 0, & t \leq \beta. \end{cases}$$

又

$$f_{\tau_2}(t) = f_{T_1} * f_{T_2}(t) = \int_{-\infty}^{+\infty} f_{T_1}(x) f_{T_2}(t-x) \, dx,$$

因此,当 $t \leq 2\beta$ 时,$f_{\tau_2}(t) = 0$,当 $t > 2\beta$ 时,

$$f_{\tau_2}(t) = \int_{\beta}^{t-\beta} \alpha e^{-\alpha(x-\beta)} \alpha e^{-\alpha(t-x-\beta)} \, dx = \alpha^2 e^{2\alpha\beta}(t-2\beta) e^{-\alpha t},$$

即

$$f_{\tau_2}(t) = \begin{cases} \alpha^2 e^{2\alpha\beta}(t-2\beta) e^{-\alpha t}, & t > 2\beta, \\ 0, & t \leq 2\beta. \end{cases}$$

$$f_{\tau_3}(t) = f_{T_1} * f_{T_2} * f_{T_3}(t) = \int_{-\infty}^{+\infty} f_{T_3}(t) f_{\tau_2}(t-x) \, dx,$$

当 $t \leq 3\beta$ 时,$f_{\tau_3}(t) = 0$,当 $t > 3\beta$ 时,

$$f_{\tau_3}(t) = \int_{\beta}^{t-2\beta} \alpha e^{-\alpha(x-\beta)} \alpha^2 e^{2\alpha\beta}(t-x-2\beta) e^{-\alpha(t-x)} \, dx = \frac{1}{2}\alpha^3 e^{3\alpha\beta}(t-3\beta)^2 e^{-\alpha t},$$

即

$$f_{\tau_3}(t) = \begin{cases} \dfrac{1}{2!}\alpha^3 e^{3\alpha\beta}(t-3\beta)^2 e^{-\alpha t}, & t > 3\beta, \\ 0, & t \leq 3\beta. \end{cases}$$

类似可得

$$f_{\tau_4}(t) = \begin{cases} \dfrac{1}{3!}\alpha^4 e^{4\alpha\beta}(t-4\beta)^3 e^{-\alpha t}, & t > 4\beta, \\ 0, & t \leq 4\beta. \end{cases}$$

一般地有

$$f_{\tau_k}(t) = \begin{cases} \dfrac{1}{(k-1)!}\alpha^k e^{k\alpha\beta}(t-k\beta)^{k-1} e^{-\alpha t}, & t > k\beta, \\ 0, & t \leq k\beta. \end{cases}$$

从而

$$P[N(t) \geq k] = P(\tau_k \leq t) = \begin{cases} \displaystyle\int_{k\beta}^{t} f_{\tau_k}(s) \, ds, & t > k\beta, \\ 0, & t \leq k\beta. \end{cases}$$

10. 设 $m_N(t)$ 是更新过程 $\{N(t), t \geq 0\}$ 的更新函数,证明

$$E[N(t)]^2 = m_N(t) + 2\int_0^t m_N(t-s)\mathrm{d}m_N(s).$$

证明 设 $F(t)$ 是更新间距的分布函数,$F_n(t) = P(\tau_n \leqslant t)$,则

$$E[N(t)]^2 = \sum_{n=0}^{\infty} n^2 P[N(t) = n]$$

$$= \sum_{n=0}^{\infty} n^2 [F_n(t) - F_{n+1}(t)]$$

$$= F_1(t) + 3F_2(t) + 5F_3(t) + \cdots$$

$$= \sum_{n=1}^{\infty} F_n(t) + 2F_2(t) + 4F_3(t) + \cdots$$

$$= m_N(t) + 2G(t),$$

其中,$G(t) = \sum_{n=1}^{\infty} nF_{n+1}(t)$,又

$$\mathscr{L}[G(t)] = \mathscr{L}\left[\sum_{n=1}^{\infty} nF_{n+1}(t)\right] = \sum_{n=1}^{\infty} n\mathscr{L}[F_{n+1}(t)]$$

$$= \sum_{n=1}^{\infty} n\{\mathscr{L}[F(t)]\}^{n+1} = \frac{\{\mathscr{L}[F(t)]\}^2}{\{1 - \mathscr{L}[F(t)]\}^2}$$

$$= \mathscr{L}[m_N(t)]\mathscr{L}[m_N(t)],$$

故

$$G(t) = m_N(t) * m_N(t) = \int_0^t m_N(t-s)\mathrm{d}m_N(s),$$

因此

$$E[N(t)]^2 = m_N(t) + 2\int_0^t m_N(t-s)\mathrm{d}m_N(s).$$

11. 随机变量 $T_1, T_2, \cdots, T_n$ 称为可交换的,如果 $i_1, i_2, \cdots, i_n$ 是 $1, 2, \cdots, n$ 的一个置换,那么 $T_1, T_2, \cdots, T_n$ 与 $T_{i_1}, T_{i_2}, \cdots, T_{i_n}$ 有相同的联合分布,也就是说,若 $P(T_1 \leqslant t_1, T_2 \leqslant t_2, \cdots, T_n \leqslant t_n)$ 是 $(t_1, t_2, \cdots, t_n)$ 的一个对称函数,则它们是可交换的. 设 $\{N(t), t \geqslant 0\}$ 是一个更新过程,$T_1, T_2, \cdots, T_n, \cdots$ 是其更新间距.

(1)证明在 $N(t) = n$ 的条件下,$T_1, T_2, \cdots, T_n$ 是可交换的,问 $T_1, T_2, \cdots, T_n, T_{n+1}$ 在 $N(t) = n$ 的条件下是否可交换?

(2)证明对 $n > 0$,有

$$E\left[\frac{T_1 + T_2 + \cdots + T_{N(t)}}{N(t)} \Big| N(t) = n\right] = E[T_1 | N(t) = n];$$

(3)证明

$$E\Big[\frac{T_1+T_2+\cdots+T_{N(t)}}{N(t)}\,\big|\,N(t)>0\Big]=E(T_1\mid T_1<t).$$

证明　(1)由于在 $N(t)=n$ 的条件下，$T_1,T_2,\cdots,T_n$ 相互独立同分布，因此，$T_1,T_2,\cdots,T_n$ 是可交换的，但 $T_1,T_2,\cdots,T_n,T_{n+1}$ 在 $N(t)=n$ 的条件下未必可交换.

(2)对于 $n>0$，有

$$E\Big[\frac{T_1+T_2+\cdots+T_{N(t)}}{N(t)}\,\big|\,N(t)=n\Big]$$

$$=E\Big[\frac{T_1+T_2+\cdots+T_{N(t)}}{n}\,\big|\,N(t)=n\Big]$$

$$=\frac{1}{n}E[T_1\mid N(t)=n]+\frac{1}{n}E[T_2\mid N(t)=n]+\cdots+\frac{1}{n}E[T_n\mid N(t)=n]$$

$$=n\cdot\frac{1}{n}E[T_1\mid N(t)=n]=E[T_1\mid N(t)=n].$$

(3)

$$E\Big[\frac{T_1+T_2+\cdots+T_{N(t)}}{N(t)}\,\big|\,N(t)>0\Big]$$

$$=E\Big\{E\Big[\frac{T_1+T_2+\cdots+T_{N(t)}}{N(t)}\,\big|\,N(t)>0\Big]\,\big|\,N(t)\Big\}$$

$$=\sum_{n=1}^{\infty}E\Big\{\Big[\frac{T_1+T_2+\cdots+T_{N(t)}}{N(t)}\,\big|\,N(t)>0\Big]\big|N(t)=n\Big\}P[N(t)=n]$$

$$=\sum_{n=1}^{\infty}E\Big\{\Big[\frac{T_1+T_2+\cdots+T_n}{n}\,\big|\,N(t)>0\Big]\big|N(t)=n\Big\}P[N(t)=n]$$

$$=\sum_{n=1}^{\infty}E\{[T_1\mid N(t)>0]\mid N(t)=n\}P[N(t)=n]$$

$$=\sum_{n=1}^{\infty}E[(T_1\mid T_1<t)\mid N(t)=n]P[N(t)=n)]$$

$$=E(T_1\mid T_1<t).$$

12. 设 $\{N(t),t\ge0\}$ 是一更新过程，而 $\delta(t),r(t)$ 分别表示在时刻 t 的年龄和剩余寿命.

(1)试求当 $\{N(t),t\ge0\}$ 是 Poisson 过程时的 $P[r(t)>x\mid\delta(t+x)>s]$；

(2)若更新间距 T_1 的期望有限，即 $E(T_1)<+\infty$，试证明以概率 1 有

$$\sum_{t\to+\infty}\frac{\delta(t)}{t}=0.$$

解

（1）当 $\{N(t),t\geq0\}$ 是参数为 λ 的 Poisson 过程，则

$$m_N(t)=\lambda t,$$

$$F(t)=\begin{cases}1-\mathrm{e}^{-\lambda t}, & t\geq0,\\ 0, & t<0.\end{cases}$$

于是

$$P[r(t)>x|\delta(t+x)>s]$$

$$=1-F(t+x)+\int_0^t\overline{F}(t+x-y)\mathrm{d}m_N(y)$$

$$=\mathrm{e}^{-\lambda(t+x)}+\lambda\int_0^t\mathrm{e}^{-\lambda(t+x-y)}\mathrm{d}y=\mathrm{e}^{-\lambda x}.$$

（2）由于

$$P[\delta(t)>x]=1-F(t)+\int_0^{t-x}\overline{F}(t-s)\mathrm{d}m_N(s),$$

因此，对任意的 $\varepsilon>0$，

$$P\left[\frac{\delta(t)}{t}\geq\varepsilon\right]=P[\delta(t)\geq t\varepsilon]\to0,\quad t\to+\infty,$$

从而以概率 1 有

$$\sum_{t\to+\infty}\frac{\delta(t)}{t}=0.$$

13. 一个矿工困于一矿井中，此矿井有三道门．1 号门引导他经历 2 h 的行程获救；2 号门引导他经历 4 h 的行程又回到这矿井中；3 号门引导他经历 8 h 的行程又回到这矿井中．假设在任何时刻他等可能地选择这 3 道门之一，且以 T 记矿工获救脱险所用的时间．

（1）定义一列独立同分布随机变量 $X_1,X_2,\cdots$ 以及一停时 N 使得 $T=\sum_{i=1}^N X_i$；

（2）用 Wald 等式求 $E(T)$；

（3）计算 $E(\sum_{i=1}^N X_i|N=n)$ 且注意到它不等于 $E(\sum_{i=1}^N X_i)$；

（4）利用（3）再次推导出 $E(T)$．

解 （1）定义 X_i 为独立同分布的，且 X_i 的分布律为

X_i	2	4	8
P	$\frac{1}{3}$	$\frac{1}{3}$	$\frac{1}{3}$

以及定义 N 为 $N = \min\{n, X_n = 2\}$，则有 N 是 $\{X_n, n \geq 1\}$ 的停时，且 $T = \sum_{i=1}^{N} X_i$.

（2）由于 $N = n$ 等价于 $X_i \neq 2, i = 1, 2, \cdots, n-1; X_n = 2$，且 X_i 独立同分布. 所以

$$P(N = n) = \left(\frac{2}{3}\right)^{n-1} \frac{1}{3},$$

故 $N \sim G\left(\frac{1}{3}\right)$，因此有 $E(N) = 3$. 由 Wald 等式得

$$E(T) = E(N) \cdot E(X_1) = 3 \times \frac{14}{3} = 14.$$

（3）因为 $X_i | X_i \neq 2$ 的条件分布律为

$X_i \| X_i \neq 2$	4	8
P	$\frac{1}{2}$	$\frac{1}{2}$

所以 $E(X_i | X_i \neq 2) = \frac{12}{2} = 6$，故

$$E\left(\sum_{i=1}^{N} X_i | N = n\right) = E\left[\sum_{i=1}^{n-1} (X_i | X_i \neq 2) + 2\right] = (n-1) \times 6 + 2$$

而

$$E\left(\sum_{i=1}^{N} X_i\right) = nE(X_1) = \frac{14n}{3} \neq E\left(\sum_{i=1}^{N} X_i | N = n\right).$$

（4）对 N 分情况分析，由条件期望公式以及（3）的结果可得

$$E(T) = \sum_{n=1}^{\infty} E\left(\sum_{i=1}^{N} X_i | N = n\right) P(N = n)$$

$$= \sum_{i=1}^{\infty} \left[2 + 6(n-1)\right] P(N = n)$$

$$= \sum_{n=1}^{\infty} (-4 + 6n) P(N = n)$$

$$= -4 + 6E(N) = 14.$$

14. 一位同学的收音机只用一块电池：

（1）一旦电池的电量耗尽立即更换一块新的，如果一块电池的寿命（单位为 h）服从区间 $(30, 60)$ 上的均匀分布，试问他更换电池的速率是多少？

（2）若每次电池电量耗尽时，不能立即更换，还得花时间去买，假设购买电池的时间服从区间 $(0,1)$ 上的均匀分布，试问他更换电池的速率又是多少？

解 （1）设电池的寿命为 ξ，则由题意得，$E(\xi)=45$. 而由定理3.1.3可知，他更换电池的速率为

$$\lim_{t\to\infty}\frac{N(t)}{t}=\frac{1}{\mu}=\frac{1}{45},$$

即长时间后，他将每 45 h 更换一块电池.

（2）设购买电池的时间为 η，则由题意得，$E(\eta)=\frac{1}{2}$，此时更换电池的平均时间间隔为

$$\mu=E(\xi)+E(\eta)=45+\frac{1}{2}=45\frac{1}{2},$$

即长时间后，他将每 91 h 更换两块电池.

15. 一个工作站，它只有工作和空闲两个状态，起初处于工作状态并持续工作 η_1 时间，之后处于空闲状态且持续 ζ_1 时间. 而后又工作 η_2 时间，继而空闲 ζ_2 时间，这样循环往复，直到永远. 设 $\{\eta_n,n\geqslant1\}$ 独立同分布，具有有限均值 $E(\eta_1)$. $\{\zeta_n,n\geqslant1\}$ 独立同分布，具有有限均值 $E(\zeta_1)$，但 η_n 与 ζ_n 可能不独立. 求解长时间后，工作站处于工作状态的工作比率.

解 令 $\xi_n=\eta_n+\zeta_n,n\geqslant1$，以 $\{\xi_n,n\geqslant1\}$ 为更新间隔的更新过程，并记为 $N=\{N(t),t\geqslant0\}$，记 F 为 ξ_1 的分布函数，$\mu=E(\xi_1)$.

定义示性随机变量

$$I(t)=\begin{cases}1, & \text{如果 } t \text{ 时刻工作站工作,}\\ 0, & \text{如果 } t \text{ 时刻工作站清闲.}\end{cases}$$

令 $g(t)=P[I(t)=1]$，先求出 g 的时间平均值，即在任意时刻工作站工作的概率的时间平均值，亦即单位时间内工作站工作的概率.

设想每工作一个单位时间就得到一个单位的酬劳，从而 $E(R_1)=E(\eta_1)$，即在一个工作空闲时间的循环中，酬劳的期望等于在该循环中工作时间的期望. 由定理3.3.1可知，

$$\lim_{t\to\infty}\frac{\int_0^\infty g(u)\mathrm{d}u}{t}=\frac{E(\eta_1)}{\mu}=\frac{E(\eta_1)}{E(\eta_1)+E(\xi_1)}.$$

下面求解出 $g(t)$ 在 $t\to\infty$ 时的极限值. 关于 ξ_1 取条件期望得

$$P[I(t)=1\mid\xi_1=x]=\begin{cases}P(\eta_1>t\mid\xi_1>t), & \text{当 } x>t \text{ 时,}\\ g(t-x), & \text{当 } x\leqslant t \text{ 时.}\end{cases}$$

从而由全概率公式可得

$$g(t) = \int_t^\infty P(\eta_1 > t \mid \xi_1 > t)\,\mathrm{d}F(x) + \int_0^t g(t-x)\,\mathrm{d}F(x).$$

令 $a(t) = \int_t^\infty P(\eta_1 > t \mid \xi_1 > t)\,\mathrm{d}F(x)$，显然 a 有界，由关键更新定理有

$$\begin{aligned}
\lim_{t\to\infty} g(t) &= \frac{1}{\mu}\int_0^\infty \mathrm{d}t \int_t^\infty P(\eta_1 > t \mid \xi_1 > t)\,\mathrm{d}F(x)\\
&= \frac{1}{\mu}\int_0^\infty \mathrm{d}t \int_t^\infty \frac{P(\eta_1 > t \mid \xi_1 > t)}{P(\xi_1 > t)}\,\mathrm{d}F(x)\\
&= \frac{1}{\mu}\int_0^\infty \mathrm{d}t \int_t^\infty \frac{P(\eta_1 > t)}{P(\xi_1 > t)}\,\mathrm{d}F(x)\\
&= \frac{1}{\mu}\int_0^\infty P(\eta_1 > t)\,\mathrm{d}t\\
&= \frac{E(\eta_1)}{\mu}.
\end{aligned}$$

16. 考虑一个由 n 个部件组成的并联系统，即至少有一个部件正常工作时，系统能正常工作. 换句话是，只有所有部件不正常工作(出故障)系统才出故障. 各部件的活动状态相互独立且都为指数交替更新过程. 具体来说，部件 $i(i=1,2,\cdots,n)$ 处于正常工作状态的时间是均值为 λ_i 的指数随机过程，而后失效，在恢复正常工作之前滞留于失效状态的时间是均值为 μ_i 的指数随机变量，试求出系统正常工作期的平均长度.

解　由于 E(系统工作期的长度) $= E$(两次故障之间的时间长度) $- E$(故障期的长度)，所以应先分别求出 E(两次故障之间的时间长度)和 E(故障期的长度).

记 $N(t)$ 为 $(0,t]$ 内系统出故障的次数，因为开始观测时，不知道有多少部件正常工作，所以 $N_D = \{N_D(t), t \geq 0\}$ 为延迟更新过程. 一旦系统出现一次故障后，N_D 的时间间隔就是两次故障之间的时间长度.

由题设的指数交替更新过程，利用上题中的结论，我们可得

$$\lim_{p\to\infty} P(\text{元件 } j \text{ 在 } t \text{ 时刻失效}) = \frac{E(\text{失效时长})}{E(\text{工作时长}) + E(\text{失效时长})} = \frac{\mu_j}{\lambda_j + \mu_j},$$
$$j = 1,2,\cdots,n,$$

$$\lim_{t\to\infty} P(\text{元件 } i \text{ 在 } t \text{ 时刻工作}) = \frac{E(\text{工作时长})}{E(\text{工作时长}) + E(\text{失效时长})} = \frac{\lambda_i}{\lambda_i + \mu_i},$$
$$i = 1,2,\cdots,n,$$

再由各部件正常工作或失效时相互独立,有

$$\lim_{t \to \infty} P(t\ \text{时刻恰好有}\ n-1\ \text{个元件失效}) = \sum_{i=1}^{n} \left(\frac{\lambda_i}{\lambda_i + \mu_i} \prod_{j \neq i} \frac{\mu_j}{\lambda_j + \mu_j} \right).$$

同样利用上题的结论可得

$$\lim_{t \to \infty} P\big[\, t\ \text{时刻正常工作的元件}\ i\ \text{在}(t, t+h)\ \text{失效}\,\big] = \frac{E(\text{正常工作时长} < h)}{E(\text{一个正常工作时长})} = \frac{h}{\lambda_i}.$$

由此可以看出

$$\lim_{t \to \infty} P\big[\, t\ \text{时刻正常工作的}\ 2\ \text{个或}\ 2\ \text{个以上元件在}(t, t+h)\ \text{都失效}\,\big] = o(h).$$

总之有

$$\lim_{t \to \infty} P\big[\, \text{在}(t, t+h)\ \text{中出现故障}\,\big] = \sum_{i=1}^{n} \left(\frac{\lambda_i}{\lambda_i + \mu_i} \prod_{j \neq i} \frac{\mu_j}{\lambda_j + \mu_j} \right) \frac{h}{\lambda_i} + o(h).$$

因为

$$\lim_{t \to \infty} P\big[\, \text{在}(t, t+h)\ \text{中出现故障}\,\big] = \lim_{t \to \infty} E\big[\, N_D(t+h) - N_D(t) \,\big]$$

$$= \lim_{t \to \infty} \big[\, m_D(t+h) - m_D(t) \,\big] = \frac{h}{E(\text{更新间隔之长})},$$

所以

$$E(\text{两次故障之间的时间长度}) = E(\text{更新间隔之长})$$

$$= \frac{h}{\displaystyle\lim_{t \to \infty} P\big[\, \text{在}(t, t+h)\ \text{中出现故障}\,\big]}$$

$$= \Big[\, \sum_{i=1}^{n} \left(\frac{\lambda_i}{\lambda_i + \mu_i} \prod_{j \neq i} \frac{\mu_j}{\lambda_j + \mu_j} \right) \frac{1}{\lambda_i} \,\Big]^{-1}$$

$$= \Big[\, \prod_{j=1}^{n} \frac{\mu_j}{\lambda_j + \mu_j} \sum_{i=1}^{n} \frac{1}{\mu_i} \,\Big]^{-1}.$$

另外因为故障期是指全部元件都失效而等待恢复工作的时长. 而第 i 个元件平均需要 μ_i 来恢复,也就是单位时间内,恢复 $\frac{1}{\mu_i}$ 个第 i 个元件,即系统在单位时间内可恢复 $\sum_{i=1}^{n} \frac{1}{\mu_i}$ 个元件,从而恢复一个元件需要的时间长度为 $\left(\sum_{i=1}^{n} \frac{1}{\mu_i} \right)^{-1}$. 但是由于指数分布的无记忆性,等待系统恢复(最后恢复的那个元件得以恢复)需要的时间长度也为 $\left(\sum_{i=1}^{n} \frac{1}{\mu_i} \right)^{-1}$. 因此

$$E(\text{工作期时长}) = E(\text{故障之间的时长}) - \text{故障期的平均长度}$$

$$= \left(\prod_{j=1}^{n} \frac{\mu_j}{\lambda_j + \mu_j} \sum_{i=1}^{n} \frac{1}{\mu_i} \right)^{-1} - \left(\sum_{i=1}^{n} \frac{1}{\mu_i} \right)^{-1}$$

$$= \frac{1 - \prod_{j=1}^{n} \frac{\mu_j}{\lambda_j + \mu_j}}{\prod_{j=1}^{n} \frac{\mu_j}{\lambda_j + \mu_j} \sum_{i=1}^{n} \frac{1}{\mu_i}}.$$

17. 单行道上汽车按更新流 $\{S_j\}$ 驶过,单位为秒. 如果行人横穿该公路需要 a 秒,计算在 $t = 0$ 时到达的行人平均等待多长时间才能横穿公路.

解　用 Y 表示该行人的等待时间. 已知 $S_1 = s > a$ 时, $E(Y) = 0$. 已知 $S_1 = s \leqslant a$ 时,第一辆车在 $S_1 = s$ 驶过后,他白等了 s 秒,需要在 s 时重新开始等候. 这说明当给定 $S_1 \leqslant a$ 时, Y 和 $s + Y$ 同分布.

设 $F(x)$ 是 S_1 的分布函数,利用全概率公式可得

$$E(Y) = \int_0^{\infty} E(Y|S_1 = s)\,dF(s)$$

$$= \int_0^a E(Y|S_1 = s)\,dF(s) + \int_{a^+}^{\infty} E(Y|S_1 = s)\,dF(s)$$

$$= \int_0^a E(s + Y)\,dF(s) + 0 = \int_0^a s\,dF(s) + F(a)E(Y),$$

其中, $\int_{a^+}^{\infty}$ 表示 (a, ∞) 上的积分,于是得到平均等候时间

$$E(Y) = \frac{1}{1 - F(a)} \int_0^a s\,dF(s).$$

18. 一个住宅小区有 2 000 台冰箱. 设每台冰箱的开关时间分别有数学期望 $\mu_U = 0.03, \mu_V = 0.21$. 在时刻 t,

(1)计算处于开状态的冰箱数 ξ 的数学期望 μ 和标准差 σ;

(2)在置信度 0.95 下,计算处于开状态的冰箱数 ξ 的置信区间.

解　t 时任何一台冰箱处于开状态的概率是

$$p = \frac{0.03}{0.03 + 0.21} = 0.125,$$

对 $m = 2\,000$ 和 $i = 1, 2, \cdots, m$,引入

$$\xi_i = \begin{cases} 1, & \text{当 } t \text{ 时第 } i \text{ 台在工作,} \\ 0, & \text{否则,} \end{cases}$$

则 $\xi_1, \xi_2, \cdots, \xi_m$ 相互独立,有共同的数学期望 p 和方差 $p(1 - p)$.

(1) t 时处于开状态的冰箱数是 $\xi = \xi_1 + \xi_2 + \cdots + \xi_m$,要计算的数学期望是

$$\mu = E(\xi) = mp = 2\,000 \times 0.125 = 250 \text{ 台}.$$

标准差为

$$\sigma = \sqrt{\mathrm{Var}(\xi)} = \sqrt{mp(1-p)} = 14.79 \text{ 台}.$$

（2）由中心极限定理知近似地有

$$\frac{\xi - \mu}{\sigma} \sim N(0,1).$$

于是从

$$P(|\xi - \mu| \leqslant 1.96\sigma) = P\left(\frac{|\xi - \mu|}{\sigma} \leqslant 1.96\right) \approx 0.95,$$

得到 ξ 的置信度为 0.95 的置信区间

$$[\mu - 1.96\sigma, \mu + 1.96\sigma] \approx [221, 279].$$

也就是说，以 0.95 的概率保证，t 时处于开状态的冰箱数在 221 和 279 之间.

19. 设波音 737 飞机的使用寿命为 T 年，购置费为 a 元，飞机在服役期间每年创造利润 b 元. 如果在使用中飞机损坏，除了购置新飞机，还要承担额外的损失 c 元. 为保险起见，航空公司决定飞机使用 s 年后就放弃不用，购置新的飞机. 长期实施以上策略时，一架飞机每年平均贡献多少利润？

解 设第 n 架飞机的使用寿命为 T_n 年，则这架飞机的实际使用年限为

$$X_n = \min(T_n, s).$$

放弃第 n 架飞机时的利润为

$$Y_n = \begin{cases} sb - a, & \text{当 } T_n > s \text{ 时}, \\ T_n b - a - c, & \text{当 } T_n \leqslant s \text{ 时}, \end{cases}$$

用示性函数写出来就是

$$Y_n = (sb - a)I(T_n > s) + (T_n b - a - c)I(T_n \leqslant s).$$

当 $T_1, T_2, \cdots$ 是来自总体 T 的随机变量时，(X_j, Y_j) 就是独立同分布的随机向量. 用 $\{N(t)\}$ 表示以 $\{X_j\}$ 为更新间隔的更新过程，则在时间段 $[0, t]$ 中获利为

$$M(t) = \sum_{j=1}^{N(t)} Y_j + A(t)b,$$

其中，$A(t) = t - S_{N(t)} \leqslant s.$ 于是很长时间以后，一架飞机每年平均贡献的利润为

$$\frac{E[M(t)]}{t} \approx \frac{E(Y_1)}{E(X_1)},$$

用 $G(x) = P(T \leqslant x)$ 表示 T 的分布函数时，有

$$E(X_1) = \int_0^\infty P(X_1 > x)\,dx = \int_0^\infty P(T_1 > x, s > x)\,dx$$

$$= \int_0^s P(X_1 > x)\,dx = \int_0^s [1 - G(x)]\,dx,$$

$$E(Y_1) = (sb-a)E[I(T_n>s)] + bE[T_nI(T_n\leqslant s)] - (a+c)E[I(T_n\leqslant s)]$$

$$= (sb-a)[1-G(s)] + b\int_0^s x\mathrm{d}G(x) - (a+c)G(s).$$

于是一架飞机平均每年贡献的利润为

$$h(s) = \frac{(sb-a)[1-G(s)] + b\displaystyle\int_0^s x\mathrm{d}G(x) - (a+c)G(s)}{\displaystyle\int_0^s [1-G(x)]\mathrm{d}x}.$$

要想得到最大利润,只要取 s 为 $h(s)$ 的最大值点即可.

20. 甲一开始为自己的手机充值 b 元,并决定只要发现手机余额少于 a 元就立即充值到 b 元,以此类推,假设他的通话间隔是独立同分布的随机变量 $\{X_i\}$,每次的通话费是独立同分布的随机变量 $\{Y_i\}$ 与 $\{X_i\}$ 独立. 将通话时间忽略不计时,对于充分大的 t,估算 t 时手机中至少有 x 余额的概率 p.

解　用 $\xi_n = Y_1 + Y_2 + \cdots + Y_n$ 表示前 n 次通话的总消费. 设第 N_a 次通话后的余额首次少于 a 元,则有

$$\{N_a = n\} = \{b-\xi_{n-1}\geqslant a, b-\xi_n < a\}$$

$$= \{\xi_{n-1}\leqslant b-a<\xi_n\} = \{N_Y(b-a) = n-1\}$$

$$= \{N_Y(b-a)+1 = n\}.$$

于是得到

$$N_a = N_Y(b-a)+1,$$

把每次充值视为一次更新,第一个更新间断为

$$Z_1 = \sum_{i=1}^{N_a} X_i,$$

对 $x\geqslant a$,将上面的 a 换成 x,就知道第 $N_x = N_Y(b-x)+1$ 次通话后余额首次少于 x 元,并且

$$U_1 = \sum_{i=1}^{N_x} X_i$$

是余额首次少于 x 元的时间. 将余额大于 x 元的时间段 $[0, U_1)$ 称为开状态,少于等于 x 元的时间段称为关状态,则有

$$p \approx \lim_{t\to\infty} P(t \text{ 时开}) = \frac{E(U_1)}{E(Z_1)}. \qquad (*)$$

N_a, N_x 由 $\{Y_i\}$ 决定,与 $\{X_i\}$ 独立,用 Wald 定理得

$$E(Z_1) = E(N_a)E(X_1) = [m_G(b-a)+1]E(X_1),$$

$$E(U_1) = E(N_x)E(X_1) = [m_G(b-x)+1]E(X_1),$$

其中，$m_G(t) = E[N_Y(t)]$ 是 $N_Y(t)$ 的更新函数. 将其代入（ * ）得到

$$p \approx \frac{1 + m_G(b-x)}{1 + m_G(b-a)}.$$

Chapter 4　离散时间的 Markov 链

4.1　内容提要

1. Markov(马尔可夫)链的定义

1)定义

定义在 $(\Omega, \mathscr{F}, P)$ 上的随机过程 $\{X(t), t \in T\}$,其中,$T = \{0, 1, 2, \cdots\}$,状态空间 $I = \{0, 1, 2, \cdots\}$,如果对任意正整数 m, k 及任意非负整数 $j_{m+k} > j_m > \cdots > j_2 > j_1$ 和 $i_{m+k}, i_m, \cdots, i_2, i_1$,都有

$$P(X_{j_{m+k}} = i_{m+k} | X_{j_m} = i_m, \cdots, X_{j_2} = i_2, X_{j_1} = i_1) = P(X_{j_{m+k}} = i_{m+k} | X_{j_m} = i_m)$$

成立,则称 X_T 为离散时间的 Markov 链,简称为 Markov 链或马氏链.

2)转移概率

记 $p_{ij}^{(k)}(m) = P[X(m+k) = j | X(m) = i]$,表示系统在 m 时位于 i 的条件下,(经 k 步后)于 $m+k$ 时转移到 j 的(条件)概率,称为 Markov 链的 k 步转移概率.

3)齐次 Markov 链

若转移概率 $p_{ij}^{(k)}(m)$ 与起始时刻 m 无关,则称此时的 Markov 链为齐次 Markov 链,并把转移概率 $p_{ij}^{(k)}(m)$ 简记为 $p_{ij}^{(k)}$. 特别,当 $k = 1$ 时,$p_{ij}^{(1)}$ 就记为 p_{ij}.

以下讨论的均为齐次 Markov 链.

4)k 步转移概率矩阵

记矩阵

$$\boldsymbol{P}^{(k)} = (p_{ij}^{(k)}) = \begin{pmatrix} p_{00}^{(k)} & p_{01}^{(k)} & p_{02}^{(k)} & \cdots \\ p_{10}^{(k)} & p_{11}^{(k)} & p_{12}^{(k)} & \cdots \\ \vdots & \vdots & \vdots & \\ p_{i0}^{(k)} & p_{i1}^{(k)} & p_{i2}^{(k)} & \cdots \\ \vdots & \vdots & \vdots & \end{pmatrix},$$

称 $P^{(k)}$ 为 Markov 链的 k 步转移概率矩阵.

转移概率矩阵是随机矩阵,具有以下性质:

① $p_{ij}^{(k)} \geqslant 0, i,j \in I$;

② $\sum\limits_{j \in I} p_{ij}^{(k)} = 1, i \in I, k = 1,2,\cdots$.

5)C-K 方程

对任意正整数 k,l 及 $i,j \in I$,有

$$p_{ij}^{(k+l)} = \sum_{\tau \in I} p_{i\tau}^{(k)} p_{\tau j}^{(l)}.$$

用矩阵形式表示为 $P^{(k+l)} = P^{(k)} \cdot P^{(l)}$,且可知 $P^{(k)} = P^k$.

6)初始分布

记 $p_j = P[X(0) = j]$,则 $p_j \geqslant 0, \sum\limits_{j \in I} p_j = 1$,称 $\{p_j, j \in I\}$ 为 Markov 链的初始分布.

7)绝对分布

对非负整数 n,称概率分布 $\{p_j^{(n)} = P[X(n) = j], j \in I\}$ 为 Markov 的绝对分布.

8)初始分布与绝对分布之间的关系

由全概率公式可得

$$p_j^{(n+1)} = \sum_{k \in I} p_k p_{kj}^{(n+1)} = \sum_{k \in I} p_k^{(n)} p_{kj}.$$

2. 状态的分类

1)可达

如果对状态 i,j,存在某个 $n \geqslant 1$,使 $p_{ij}^{(n)} > 0$,就称自状态 i 可达状态 j,并记为 $i \to j$. 反之,如果自状态 i 不可达状态 j,记为 $i \nrightarrow j$.

2)相通

如果 $i \to j$,且 $j \to i$,就称状态 i 和状态 j 相通,记为 $i \leftrightarrow j$. 相通是一种等价关系,即具有自反性、对称性、传递性的特点.

3)首达时

设 $\{X_n, n = 0,1,2,\cdots\}$ 是 Markov 链,I 是其状态空间,对任意 $i,j \in I$,令

$$T_{ij} = \min\{n : X_0 = i, X_n = j, n \geqslant 1\},$$

则称 T_{ij} 为从状态 i 出发首次到达状态 j 的时刻,或称为自 i 到 j 的首达时.

首达时是一个随机变量.

4)首达概率

令

$$f_{ij}^{(n)} = P(T_{ij} = n \mid X_0 = i), \quad n = 1, 2, \cdots,$$

则 $f_{ij}^{(n)}$ 表示系统自状态 i 出发,经 n 步首次到达状态 j 的(条件)概率.

再令

$$f_{ij} = \sum_{n=1}^{\infty} f_{ij}^{(n)} = P(T_{ij} < \infty \mid X_0 = i),$$

则 f_{ij} 表示系统自 i 出发,经有穷步到达 j 的(条件)概率.

5)基本关系定理

对任意 $i, j \in I$ 及 $n \geq 1$,有

$$p_{ij}^{(n)} = \sum_{i=1}^{n} f_{ij}^{(l)} p_{jj}^{(n-l)}.$$

6)常返与非常返

如果 $f_{jj} = 1$,则称状态 j 是常返的. 如果 $f_{jj} < 1$,则称状态 j 是非常返的(或称为瞬时的、滑过的).

如果状态 j 常返,则系统以概率 1 无穷次返回 j;如果状态 j 非常返,则系统无穷次返回 j 的概率为 0.

7)平均返回时间

记 $\mu_i = E(T_{ii}) = \sum_{n=1}^{+\infty} n f_{ii}^{(n)}$,称 μ_i 为状态 i 的平均返回时间.

8)正常返与零常返

设状态 i 常返,若 $\mu_i < +\infty$,则称状态 i 是正常返态;若 $\mu_i = +\infty$,则称状态 i 是零常返态.

9)周期与非周期

如果 $\{n, p_{ii}^{(n)} > 0\}$ 的最大公约数为 t,称状态 i 有周期 t. 若 $t > 1$,则称状态 i 为周期的;若 $t = 1$,则称状态 i 为非周期的.

10)遍历

若状态 i 正常返、非周期,则称状态 i 遍历.

如果 $i \leftrightarrow j$,则 i 与 j 或同为正常返,或同为零常返,或同为非常返,或同为非周期的,或同为周期的且周期相同.

从常返态出发,只能到达常返态,且两状态是相通的.

11)状态分类的判别法

$$i \text{ 非常返} \Leftrightarrow \sum_{n=0}^{+\infty} p_{ii}^{(n)} < \infty,$$

$$i\ 零常返 \Leftrightarrow \sum_{n=0}^{+\infty} p_{ii}^{(n)} = \infty\ 且\ \lim_{n\to\infty} p_{ii}^{(n)} = 0,$$

$$i\ 正常返 \Leftrightarrow \sum_{n=0}^{+\infty} p_{ii}^{(n)} = \infty\ 且\ \overline{\lim_{n\to\infty}} p_{ii}^{(n)} > 0,$$

$$i\ 遍历 \Leftrightarrow \sum_{n=0}^{+\infty} p_{ii}^{(n)} = \infty\ 且\ \lim_{n\to\infty} p_{ii}^{(n)} = \frac{1}{\mu_i} > 0.$$

3. 状态空间的分解

1) 闭集

设 C 是状态空间 I 的一个子集,如果对任意的 $i \in C, j \in C$ 都有 $p_{ij} = 0$,则称 C 是一个闭集.

2) 不可约

如果一个闭集 C 的所有状态都是相通的,则称闭集 C 是不可约的.

3) 不可约链

如果一个 Markov 链除状态空间 I 是不可约的,则称 Markov 链是不可约的.

4) 分解定理

状态空间 I 必可分解为

$$I = N + C_1 + C_2 + \cdots + C_h + \cdots,$$

其中,N 是全体非常返态组成的集合,$C_1, C_2, \cdots, C_h, \cdots$ 是互不相交的基本常返闭集. 即满足:

① 对每一确定的 h,C_h 内任意两状态相通;

② C_h 与 $C_g(h \neq g)$ 中的状态之间不相通.

4. 遍历定理和平稳分布

1) 遍历性

设 Markov 链 $\{X_n, n \geq 0\}$ 的状态空间为 I,若对一切 $i, j \in I$,存在不依赖于 i 的极限 $\lim_{n\to+\infty} p_{ij}^{(n)} = p_j$,则称 Markov 链具有遍历性.

状态有限的 Markov 链不可能含有零常返态,也不可能全是非常返态;一个不可约 Markov 链,或者没有非常返态,或者没有常返态,状态有限的不可约 Markov 链不可能含有非常返态,也不可能含有零常返态.

零常返态如果存在一个,必有无穷多个.

2)平稳分布

设 Markov 链 $\{X_n, n \geq 0\}$ 的转移概率矩阵为 $\boldsymbol{P} = (p_{ij})$，如果非负数列 $\{\pi_j\}$ 满足

$$\sum_{j=0}^{\infty} \pi_j = 1, \quad \pi_j = \sum_{i=0}^{\infty} \pi_i p_{ij}, \quad j = 0, 1, 2, \cdots,$$

则称 $\{\pi_j\}$ 为 $\{X_n, n \geq 0\}$ 的平稳分布.

非周期不可约常返链是正常返的充要条件是它存在平稳分布,且此时平稳分布就是极限分布.

4.2　习题解答

1. $\{X_n\}$ 为独立同分布随机变量序列, $P(X_n = 0) = P(X_n = 1) = \dfrac{1}{2}$. 设

$$Y_0 = X_0, Y_n = \frac{1}{2}(X_n + X_{n-1}), \quad n \geq 1,$$

试证明 $\{Y_n, n = 1, 2, \cdots\}$ 不是一个 Markov 链.

证明

$$P\left(Y_{n+1} = 1 \mid Y_n = \frac{1}{2}\right) = \frac{P(X_{n+1} + X_n = 2, X_n + X_{n-1} = 1)}{P(X_n + X_{n-1} = 1)}$$

$$= \frac{P(X_{n-1} = 0, \ X_n = 1, X_{n+1} = 1)}{P(X_n = 1, X_{n-1} = 0) + P(X_n = 0, X_{n-1} = 1)} = \frac{1/8}{1/2} = \frac{1}{4},$$

然而

$$P\left(Y_{n+1} = 1 \mid Y_n = \frac{1}{2}, Y_{n-1} = 1, \cdots, Y_1 = 1, Y_0 = 1\right)$$

$$= P(X_{n+1} + X_n = 2 \mid X_n = 0, X_{n-1} = 1, \cdots, X_0 = 1)$$

$$= P(X_{n+1} = 2 \mid X_n = 0, X_{n-1} = 1, \cdots, X_0 = 1)$$

$$= 0 \neq P\left(Y_{n+1} = 1 \mid Y_n = \frac{1}{2}\right),$$

因此 $\{Y_n, n = 1, 2, \cdots\}$ 不是一个 Markov 链.

2. 设 $\{X_n, n \geq 1\}$ 是一个 Markov 链,其状态空间 $I = \{a, b, c\}$, 转移矩阵为

$$\boldsymbol{P} = \begin{pmatrix} 1/2 & 1/4 & 1/4 \\ 2/3 & 0 & 1/3 \\ 3/5 & 2/5 & 0 \end{pmatrix}.$$

计算:$(1) P(X_1 = b, X_2 = c, X_3 = a, X_4 = c, X_5 = a, X_6 = c, X_7 = b | X_0 = c)$;

$(2) P(X_{n+2} = c | X_n = b)$.

解 (1)

$$P(X_0 = c, X_1 = b, X_2 = c, X_3 = a, X_4 = c, X_5 = a, X_6 = c, X_7 = b)$$

$$= P(X_0 = c) P(X_1 = b | X_0 = c) P(X_2 = c | X_1 = b) P(X_3 = a | X_2 = c) P(X_4 = c | X_3 = a)$$

$$\times P(X_5 = a | X_4 = c) P(X_6 = c | X_5 = a) P(X_7 = b | X_6 = c)$$

$$= P(X_0 = c) \times \frac{2}{5} \times \frac{1}{3} \times \frac{3}{5} \times \frac{1}{4} \times \frac{3}{5} \times \frac{1}{4} \times \frac{2}{5},$$

因此 $P(X_1 = b, X_2 = c, X_3 = a, X_4 = c, X_5 = a, X_6 = c, X_7 = b | X_0 = c) = \dfrac{3}{2\ 500}.$

(2)

$$P(X_{n+2} = c, X_n = b)$$

$$= P(X_{n+2} = c, X_{n+1} = a, X_n = b) + P(X_{n+2} = c, X_{n+1} = b, X_n = b)$$

$$+ P(X_{n+2} = c, X_{n+1} = c, X_n = b)$$

$$= P(X_n = b) \left[\frac{2}{3} \times \frac{1}{4} + 0 \times \frac{1}{3} + \frac{1}{3} \times 0 \right] = \frac{1}{6} P(X_n = b),$$

因此 $P(X_{n+2} = c | X_n = b) = \dfrac{1}{6}.$

3. $\{Y_n, n = 0, 1, 2, \cdots, \}$ 是直线上的整数格子点上的随机游动,即

$$Y_n = Y_0 + X_1 + \cdots + X_n, n \geqslant 1,$$

$\{Y_0, X_1, X_2, \cdots\}$ 相互独立,$\{X_1, X_2, \cdots\}$ 同分布,

$$P(X_n = k) = p_k, \sum_{k=-\infty}^{+\infty} p_k = 1.$$

(1)证明 $\{Y_n, n = 0, 1, 2, \cdots\}$ 是一个时齐的 Markov 链;

(2)如果 $E(X_n) = 0, Y_0 = 0$,试证明 $E(Y_{n+1} | Y_n, Y_{n-2}, \cdots, Y_1) = Y_n.$

证明 (1)首先证明满足马氏性:

$$P(Y_{n+1} = k | Y_n = i_n, \cdots, Y_1 = i_1, Y_0 = i_0)$$

$$= P(X_{n+1} + Y_n = k | Y_n = i_n, \cdots, Y_1 = i_1, Y_0 = i_0)$$

$$= P(X_{n+1} = k - i_n | Y_0 = i_0, X_1 = i_1 - i_0, \cdots, X_n = i_n - i_{n-1}) = P(X_{n+1} = k - i_n),$$

$$P(Y_{n+1} = k | Y_n = i_n) = P(X_{n+1} = k - i_n | Y_n = i_n)$$

$$= P(X_{n+1} = k - i_n) = P(Y_{n+1} = k | Y_n = i_n, \cdots, Y_1 = i_1, Y_0 = i_0).$$

再证明齐次性:由于 $\{X_n\}$ 同分布性,有

$$P(Y_{n+1} = k \mid Y_n = i) = P(X_{n+1} = k - i) = P(X_1 = k - i) = p_{k-i},$$

转移概率与 n 无关,因此为时齐的.

(2)在每个集合 $\{Y_n = m\}$ 上证明 $E(Y_{n+1} \mid Y_n, Y_{n-2}, \cdots, Y_1) = m$ 即可. 而在 $\{Y_n = m\}$ 上,利用马氏性,有

$$
\begin{aligned}
E(Y_{n+1} \mid Y_n, Y_{n-2}, \cdots, Y_1) &= E(Y_{n+1} \mid Y_n = m) \\
&= \sum_k kP(Y_{n+1} = k \mid Y_n = m) \\
&= \sum_k kP(X_{n+1} = k - m) \\
&= \sum_k (k-m)P(X_{n+1} = k - m) + m \sum_k P(X_{n+1} = k - m) \\
&= E(X_{n+1}) + m = m.
\end{aligned}
$$

4. 设 $\{X_n\}$ 是一个独立同分布的取非负整数值的随机变量序列, $P(X_k = i) = a_i$ $(i \geqslant 0)$. 令 $W_n = (\sum_{k=1}^n X_k)^2$, $n \geqslant 1$.

证明 $\{W_n, n \geqslant 1\}$ 为一个 Markov 链,并求其一步转移概率矩阵.

证明 $\{W_n, n \geqslant 1\}$ 的状态空间 $I = \{0, 1^2, 2^2, 3^2, \cdots\}$,设任意 $i_1, i_2, \cdots, i_{n+1} \in I$,则有

$$
\begin{aligned}
&P(W_{n+1} = i_{n+1} \mid W_n = i_n, W_{n-1} = i_{n-1}, \cdots, W_1 = i_1) \\
&= P[W_n + 2\sqrt{W_n} X_{n+1} + (X_{n+1})^2 = i_{n+1} \mid W_n = i_n, W_{n-1} = i_{n-1}, \cdots, W_1 = i_1] \\
&= P[i_n + 2\sqrt{i_n} X_{n+1} + (X_{n+1})^2 = i_{n+1} \mid W_n = i_n, W_{n-1} = i_{n-1}, \cdots, W_1 = i_1] \\
&= P(X_{n+1} = \sqrt{i_{n+1}} - \sqrt{i_n} \mid W_n = i_n, W_{n-1} = i_{n-1}, \cdots, W_1 = i_1) \\
&= P(X_{n+1} = \sqrt{i_{n+1}} - \sqrt{i_n}) \\
&= P(W_{n+1} = i_{n+1} \mid W_n = i_n).
\end{aligned}
$$

一步转移概率矩阵

$$
\boldsymbol{P} = \begin{pmatrix}
a_0 & a_1 & a_2 & \cdots & & \\
& a_0 & a_1 & a_2 & \cdots & \\
& & a_0 & a_1 & a_2 & \cdots \\
& & & \ddots & \ddots & \ddots
\end{pmatrix}.
$$

5.(存货问题)设一个运货仓库每月进货的件数是一个独立同分布的随机变量序列 $\{\xi_n, n = 1, 2, \cdots\}$,其中,$\xi_n$ 表示第 n 个月的进货件数,且 $P(\xi_n = i) = p_i$,$i =$

$1,2,\cdots,N.$ 仓库的货物容量为 N 件,每当仓库的货物达到 N 件时,就将这 N 件货物打包发运. 记第 n 个月的存货量为 X_n,证明 $\{X_n, n=0,1,2,\cdots\}$ 是一个齐次 Markov 链,并求其一步转移概率矩阵.

解 证明齐次马氏性(略).

一步转移概率矩阵

$$P = \begin{pmatrix} 0 & p_1 & p_2 & \cdots & p_N \\ 0 & 0 & p_1 & \cdots & p_{N-1} \\ \vdots & \vdots & \vdots & & \vdots \\ 0 & 0 & 0 & \cdots & p_1 \\ 1 & 0 & 0 & \cdots & 0 \end{pmatrix}.$$

6. 设赌徒甲有 a 元,赌徒乙有 b 元,每赌一局负者给胜者 1 元,没有和局,直到两人中有一个输光为止. 假定每一局甲乙获胜的概率都为 $\frac{1}{2}$,X_n 表示第 n 局时甲的赌金,则 $\{X_n, n=0,1,2,\cdots\}$ 是一个齐次 Markov 链.

(1)写出状态空间和状态转移概率矩阵;

(2)试求甲输光的概率.

解

(1)状态空间 $I=\{0,1,2,\cdots,a+b\}$,转移概率

$$p_{i,i-1}=p_{i,i+1}=\frac{1}{2}, \ i=1,2,\cdots,a+b-1.$$

(2)设甲从初始赌金 a 最后输光的概率为 p_a,由全概率公式有

$$p_a = P(\text{甲输光}|\text{第一局甲胜})P(\text{第一局甲胜}) +$$
$$P(\text{甲输光}|\text{第一局乙胜})P(\text{第一局乙胜})$$
$$=\frac{1}{2}(p_{a+1}+p_{a-1}).$$

因此 $p_{a+1}-p_a=p_a-p_{a-1}$,又 $p_0=1,p_{a+b}=0$,有 $p_a=\dfrac{b}{a+b}$.

7. 四个状态 $(0,1,2,3)$ 的 Markov 链,其一步转移概率矩阵

$$P = \begin{pmatrix} 1/2 & 1/2 & 0 & 0 \\ 1/2 & 1/2 & 0 & 0 \\ 1/4 & 1/4 & 1/4 & 1/4 \\ 0 & 0 & 0 & 1 \end{pmatrix}.$$

（1）画出状态转移概率图；

（2）讨论各状态的性质.

解 （1）略.

（2）{3}正常返闭集；{0,1}正常返闭集；{2}瞬过.

8. 证明对任一 Markov 链,状态 i 可达状态 j 的充要条件是 $f_{ij}>0$.

证明 如果 $f_{ij}>0$,则存在 n, $f_{ij}^n>0$,因此 $i\rightarrow j$.

如果 $i\rightarrow j$, 则存在 $0<p_{ij}^{(n)}=\sum_{k=1}^{n}f_{ij}^{(m)}p_{jj}^{(n-m)}$,则必存在某时刻 $m\in\{1,\cdots,n\}$,有 $f_{ij}^{(m)}>0$, 因此 $f_{ij}\geqslant f_{ij}^{(m)}>0$.

9. 设齐次 Markov 链 $\{X_n,n=0,1,2,\cdots\}$ 的状态空间 $I=\{1,2,3,4,5\}$, 状态转移概率矩阵为

$$P=\begin{pmatrix} \dfrac{1}{2} & 0 & 0 & \dfrac{1}{2} & 0 \\[2mm] \dfrac{1}{2} & 0 & \dfrac{1}{2} & 0 & 0 \\[2mm] 0 & 0 & 1 & 0 & 0 \\[2mm] 1 & 0 & 0 & 0 & 0 \\[2mm] 0 & 1 & 0 & 0 & 0 \end{pmatrix}.$$

（1）画出状态转移概率图；

（2）讨论各状态的性质；

（3）分解状态空间.

解 （1）略.

（2）{2,5}瞬过,{3}正常返闭集；{1,4}正常返闭集.

（3）$\{1,2,3,4,5\}=\{2,5\}\oplus\{3\}\oplus\{1,4\}$.

10. 设 Markov 链 $\{X_n,n\geqslant0\}$, 其状态空间 $I=\{0,1,2,3,\cdots\}$. 对 $i\in\{1,2,3,\cdots\}$, $p_{i,i+1}=\lambda_i>0$, $p_{i,i-1}=\mu_i>0$, $p_{i,i}=\sigma_i=1-\lambda_i-\mu_i$; $p_{0,0}=\sigma_0$, $p_{0,1}=\lambda_0$, $\lambda_0+\sigma_0=1$.

证明当 $\sum_{i=1}^{\infty}\dfrac{\mu_1\mu_2\cdots\mu_i}{\lambda_1\lambda_2\cdots\lambda_i}=\infty$ 时,该马氏链所有的状态都是常返的.

证明 设 $T_{ij}=\min\{n:X_n=j,X_0=i\}$, $u_i=P(T_{i0}<T_{ik}|X_0=i)$. 由全概率公式

$$u_i=\lambda_iu_{i+1}+\mu_iu_{i-1}+(1-\lambda_i-\mu_i)u_i,$$

因此

$$u_{i+1} - u_i = \frac{\mu_i}{\lambda_i}(u_i - u_{i-1}) = \cdots = \frac{\mu_1 \mu_2 \cdots \mu_i}{\lambda_1 \lambda_2 \cdots \lambda_i}(u_1 - u_0)$$

由于 $u_0 = 1$, $u_k = 0$,

$$u_k - u_0 = \sum_{i=1}^{k}(u_i - u_{i-1}) = \sum_{i=1}^{k} \frac{\mu_1 \mu_2 \cdots \mu_{i-1}}{\lambda_1 \lambda_2 \cdots \lambda_{i-1}}(u_1 - u_0),$$

$$1 = \sum_{i=1}^{k} \frac{\mu_1 \mu_2 \cdots \mu_{i-1}}{\lambda_1 \lambda_2 \cdots \lambda_{i-1}}(1 - u_1),$$

$$u_1 = 1 - \left(\sum_{i=1}^{k} \frac{\mu_1 \mu_2 \cdots \mu_{i-1}}{\lambda_1 \lambda_2 \cdots \lambda_{i-1}}\right)^{-1} \to 1, \quad \text{当 } k \to \infty \text{ 时}.$$

因此

$$f_{10} = P(T_{10} < \infty \mid X_0 = 1) = \lim_{k \to \infty} P\{T_{i0} < T_{ik} \mid X_0 = 1\} = 1.$$

$$f_{00} = p_{0,0} + p_{0,1} \cdot f_{10} = p_{0,0} + p_{0,1} = 1,$$

状态 0 常返,又因为所有状态互通,所有状态都为常返.

11. 设 Markov 链的状态空间 $I = 0,1,2,3,\cdots$,转移概率矩阵为

$$\boldsymbol{P} = \begin{pmatrix} 1-p & p & 0 & 0 & 0 & \cdots \\ 1-p & 0 & p & 0 & 0 & \cdots \\ 1-p & 0 & 0 & p & 0 & \cdots \\ 1-p & 0 & 0 & 0 & p & \cdots \\ \vdots & \vdots & \vdots & \vdots & \vdots & \end{pmatrix}.$$

证明该链是不可分遍历马氏链并求其平稳分布.

证明 (1)任取两个状态,$0 \leqslant i < j$,则有 $i \to i+1 \to i+2 \to \cdots \to j \to 0 \to 1 \to \cdots \to i$,因此 i,j 互通,该链是不可约的.

(2)对于 0 状态:$f_{00}^{(1)} = 1-p$,$f_{00}^{(2)} = p(1-p)$,$\cdots$,$f_{00}^{(n)} = p^{n-1}(1-p)$,因此

$$f_{00} = \sum_{k=1}^{\infty} f_{00}^{(n)} = \sum_{k=1}^{\infty} p^{k-1}(1-p) = 1.$$

因此 0 是正常返. 又因为 $p_{00} > 0$,0 是非周期. 因此这个马氏链是非周期正常返,由(1),马氏链遍历.

(3)设平稳分布 $\boldsymbol{\pi} = (p_0, p_1, \cdots)$,求解

$$\boldsymbol{\pi} = \boldsymbol{\pi} \boldsymbol{P}$$

$$p_0 + p_1 + \cdots = 1$$

得到 $\boldsymbol{\pi} = (1-p, p(1-p), p^2(1-p), \cdots)$.

12. 证明有限的、不可约的马尔可夫链是非周期的,当且仅当存在数 n,使得对

于所有 i 及 k 有 $p_{ik}^{(n)} > 0$.

证明 （1）"⇒"该马氏链因为其不可约、有限状态,所有状态都是正常返. 如果是非周期的,则该马氏链是遍历的. $\lim\limits_{n\to\infty} p_{ij}^{(n)} = p_j > 0$, 对任意 $i \in I$, 则存在 N_{ij}, 当 $n > N_{ij}$ 时, $p_{ij}^{(n)} > 0$. 取 $N = \{N_{ij} : i, j \in I\}$, 当 $n > N$ 时, 有 i 及 k 使 $p_{ik}^{(n)} > 0$.

"⇐"设该马氏链的周期为 d, 由已知 $p_{ii}^{(n)} > 0$, 因此 n 可以被 d 整除. 存在状态 e_k, 使得 $p_{ik} > 0$, 因此 $p_{ii}^{(n+1)} \geq p_{ik}p_{ki}^{n} > 0$, 故 $n+1$ 可以被 d 整除. 所以 $d = 1$. 该马氏链是非周期的.

13. 设齐次 Markov 链 $\{X_n, n = 0, 1, 2, \cdots\}$ 的状态空间 $I = \{1, 2, 3\}$, 状态转移概率矩阵为

$$\boldsymbol{P} = \begin{pmatrix} \dfrac{1}{2} & \dfrac{1}{2} & 0 \\ \dfrac{1}{3} & 0 & \dfrac{2}{3} \\ 0 & \dfrac{2}{5} & \dfrac{3}{5} \end{pmatrix}.$$

（1）讨论遍历性;

（2）求平稳分布;

（3）求概率 $P[X(4) = 3 | X(1) = 1, X(2) = 2]$;

（4）已知 $X(1)$ 的分布律如下表所示:

$X(1)$	1	2	3
P	$\dfrac{1}{2}$	$\dfrac{1}{3}$	$\dfrac{1}{6}$

求 $P[X(1) = 1, X(2) = 2, X(3) = 3]$ 及 $X(2)$ 的分布.

解 （1）1,2,3 互通,因此不可约. 又因为有限状态,正常返. $p_{3,3} = \dfrac{3}{5} > 0$, 状态 3 非周期. 因此,该 Markov 链是遍历的.

（2）设平稳分布 $\boldsymbol{\pi} = (\pi_1, \pi_2, \pi_3)$, 有

$$\boldsymbol{\pi} = \boldsymbol{\pi}\boldsymbol{P},$$

$$\pi_1 + \pi_2 + \pi_3 = 1,$$

解得 $\pi_1 = \dfrac{1}{5}, \pi_2 = \dfrac{3}{10}, \pi_3 = \dfrac{1}{2}$.

（3）$P[X(4) = 3 | X(1) = 1, X(2) = 2] = P[X(4) = 3 | X(2) = 2]$

$$= p_{21}p_{13} + p_{22}p_{23} + p_{23}p_{33} = \frac{2}{5}.$$

(4) $$P[X(1)=1, X(2)=2, X(3)=2]$$

$$= P[X(1)=1]P[X(2)=2|X(1)=1]$$

$$P[X(3)=3|X(2)=2] = \frac{1}{2} \times \frac{1}{2} \times \frac{2}{3} = \frac{1}{6},$$

$$P[X(2)=1] = \sum_{i=1}^{3} P[X(2)=1|X(1)=i]P[X(1)=i] = \frac{13}{36},$$

$$P[X(2)=2] = \sum_{i=1}^{3} P[X(2)=2|X(1)=i]P[X(1)=i] = \frac{19}{60},$$

$$P[X(2)=3] = \sum_{i=1}^{3} P[X(2)=3|X(1)=i]P[X(1)=i] = \frac{29}{90}.$$

14. 假设顾客随机地到达服务窗口,按先后次序接受服务,每个顾客接受服务的时间是单位时间,服务完毕即离开窗口,假设第 n 个单位时间到达服务窗口的顾客数是随机变量 Y_n,分布律

$$p_k = p(Y_n = k), \quad k = 0,1,2,\cdots$$

X_n 表示第 n 个单位时间排队等待服务和接受服务的顾客数,若 $X_0, Y_1, Y_2, \cdots$ 相互独立,则 $\{X_n, n \geq 0\}$ 是齐次 Markov 链.

证明 事实上,对于任意的 $n \geq 1$ 和非负整数 $i_0, i_1, \cdots, i_n$,有 $X_n = X_{n-1} - \delta(X_{n-1}) + Y_n, n \geq 1$,其中,$\delta(x) = 0, x = 0$;$\delta(x) = 1, x \neq 0$,于是

$$P(X_n = i_n | X_0 = i_0, X_1 = i_1, \cdots, X_{n-1} = i_{n-1})$$

$$= \frac{P(X_0 = i_0, X_1 = i_1, \cdots, X_{n-1} = i_{n-1}, X_n = i_n)}{P(X_0 = i_0, X_1 = i_1, \cdots, X_{n-1} = i_{n-1})}$$

$$= \frac{P[X_0 = i_0, Y_1 = i_1 - i_0 + \delta(i_0), \cdots, Y_n = i_n - i_{n-1} + \delta(i_{n-1})]}{P[X_0 = i_0, Y_1 = i_1 - i_0 + \delta(i_0), \cdots, Y_{n-1} = i_{n-1} - i_{n-2} + \delta(i_{n-2})]}$$

$$= P[Y_n = i_n - i_{n-1} + \delta(i_{n-1})].$$

由于 $X_0, Y_1, Y_2, \cdots$ 相互独立,那么

$$P(X_n = i_n, X_{n+1} = i_{n+1})$$

$$= \sum_{i_0, i_1, \cdots, i_{n-1} \in I} P(X_0 = i_0, X_1 = i_1, \cdots, X_n = i_n, X_{n+1} = i_{n+1})$$

$$= \sum_{i_0, i_1, \cdots, i_{n-1} \in I} P[X_0 = i_0, Y_1 = i_1 - i_0 + \delta(i_0), \cdots, Y_{n-1} = i_{n-1} - i_{n-2} + \delta(i_{n-1}),$$

$$Y_n = i_n - i_{n-1} + \delta(i_{n-2}), Y_{n+1} = i_{n+1} - i_n + \delta(i_n)]$$

$$= \sum_{i_0,i_1,\cdots,i_{n-1}\in I} P(X_0=i_0)P[Y_1=i_1-i_0+\delta(i_0)]\cdots P[Y_{n-1}=i_{n-1}-i_{n-2}+\delta(i_{n-2})]$$

$$P[Y_n=i_n-i_{n-1}+\delta(i_{n-1})]P[Y_{n+1}=i_{n+1}-i_n+\delta(i_n)]$$

$$=P(X_n=i_n)P[Y_{n+1}=i_{n+1}-i_n+\delta(i_n)],$$

所以

$$P(X_{n+1}=i_{n+1}|X_n=i_n)=P[Y_{n+1}=i_{n+1}-i_n+\delta(i_n)].$$

这样 $\{X_n,n\neq 0\}$ 是 Markov 链,由于 $\{Y_n\}$ 同分布,故 $\{X_n,n\neq 0\}$ 是齐次 Markov 链,转移概率 $p_{ij}=P[Y_n=j-i+\delta(i)]$.

15. 考虑带有吸收壁 0 和 $a+b$ 的随机游动,设质点的初始位置为 a,向右移动的概率为 p,向左的概率为 $q=1-p$,求质点被点 O 吸收的概率.

解　设 X_n 表示质点移动 n 步后的位置,$\{X_n,n\geqslant 0\}$ 是 Markov 链,状态空间 $I=\{0,1,2,\cdots,a+b\}$,转移概率矩阵

$$\boldsymbol{P}=\begin{pmatrix} 1 & 0 & 0 & 0 & \cdots & 0 & 0 & 0 \\ q & 0 & p & 0 & \cdots & 0 & 0 & 0 \\ 0 & q & 0 & p & \cdots & 0 & 0 & 0 \\ \vdots & \vdots & \vdots & \vdots & & \vdots & \vdots & \vdots \\ 0 & 0 & 0 & 0 & \cdots & q & 0 & p \\ 0 & 0 & 0 & 0 & \cdots & 0 & 0 & 1 \end{pmatrix}.$$

u_i 表示质点的初始位置为 i,被点 O 吸收的概率,那么 u_a 是初始位置为 a 的质点被点 a 吸收的概率. 显然,$u_0=1,u_{a+b}=0$,由全概率公式有

$$u_i=pu_{i+1}+qu_{i-1},\ i=1,2,\cdots,a+b-1.$$

由于 $p+q=1$,所以

$$p(u_{i+1}-u_i)=q(u_i-u_{i-1}) \tag{*}$$

若 $p=q=\dfrac{1}{2}$,这时 $u_{i+1}-u_i=u_i-u_{i-1}=r=$ 常数,将 $i=1,2,\cdots,a+b-1$ 代入,得

$$u_1=u_0+r,u_2=u_0+2r,\cdots,u_{a+b}=u_0+(a+b)r,$$

将 $u_{a+b}=0,u_0=1$ 代入上式,得 $r=\dfrac{-1}{a+b}$,所以,$u_i=1-\dfrac{i}{a+b}$,$i=1,2,a+b-1$. 令 $i=a$,得质点被点 a 吸收的概率

$$u_a=\frac{b}{a+b}.$$

这个结果表示,在 $p=q$ 的条件下,质点的初始位置离点 O 越远,质点被点 O 吸收的概率越小.

若 $p\neq q$,那么由(＊)式

$$u_{i+1}-u_i=\frac{q}{p}(u_i-u_{i-1})=\cdots=(\frac{q}{p})^i(u_1-u_0)=(\frac{q}{p})^i(u_1-1),$$

将上式从 k 到 $a+b-1$ 求和,得

$$u_{a+b}-u_k=(u_1-1)\sum_{i=k}^{a+b-1}(\frac{q}{p})^i=(u_1-1)\frac{(\frac{q}{p})^k-(\frac{q}{p})^{a+b}}{1-\frac{q}{p}},$$

令 $k=0$,因 $u_{a+b}=0,u_0=1$,所以

$$1-u_1=\frac{1-\frac{q}{p}}{1-(\frac{q}{p})^{a+b}},$$

于是

$$u_k=\frac{(\frac{q}{p})^k-(\frac{q}{p})^{a+b}}{1-(\frac{q}{p})^{a+b}},$$

令 $k=a$,得质点从点 c 出发被点 O 吸收的概率为

$$u_a=\frac{(\frac{q}{p})^a-(\frac{q}{p})^{a+b}}{1-(\frac{q}{p})^{a+b}}.$$

16. 设 $\{\xi_i,i\geq1\}$ 是独立同分布随机变量序列,且有 $P(\xi_1=k)=p_k>0,k=0,1,2,\cdots,\sum_{k=0}^{\infty}p_k=1$. 令 $X_0=0$ 及 $X_n=\max\{\xi_1,\xi_2,\cdots,\xi_n\},n\geq1$. 问: $\{X_n,n\geq0\}$ 是否构成 Markov 链? 若是,求出一步转移矩阵 $\boldsymbol{P}$.

解 直接按照 Markov 链的定义验证即可. 由于 $X_n=\max\{\xi_1,\xi_2,\cdots,\xi_n\},n\geq1$,故为保证 $P(X_n=i,X_k=i_k,k=1,2,\cdots,n-1)>0$,不妨假设对任意的 n 及状态空间 E 中的元 $i_1,i_2,\cdots,i_{n-1},i,j$,有如下关系式: $i_1\leq i_2\cdots\leq i_{n-1}\leq i<j$. 利用 $\{\xi_i,i\geq1\}$ 的独立性,知

$$P(X_{n+1}=j|X_1=i_1,X_2=i_2,\cdots,X_{n-1}=i_{n-1},X_n=i)$$
$$=\frac{P(X_{n+1}=j,X_n=i,X_{n-1}=i_{n-1},\cdots,X_2=i_2,X_1=i_1)}{P(X_n=i,X_{n-1}=i_{n-1},\cdots,X_2=i_2,X_1=i_1)}$$

$$= \frac{P(\xi_1 = i_1, \xi_2 = i_2, \cdots, \xi_{n-1} = i_{n-1}, \xi_n = i, \xi_{n+1} = j)}{P(\xi_1 = i_1, \xi_2 = i_2, \cdots, \xi_{n-1} = i_{n-1}, \xi_n = i)}$$

$$= P(\xi_{n+1} = j) = \frac{P(\xi_{n+1} = j, \max\{\xi_1, \xi_2, \cdots, \xi_n\} = i)}{P(\max\{\xi_1, \xi_2, \cdots, \xi_n\} = i)}$$

$$= \frac{P(X_{n+1} = j, X_n = i)}{P(X_n = i)} = P(X_{n+1} = j \mid X_n = i)$$

$$= p_{ij}(n)$$

故由定义知 $\{X_n, n \geq 0\}$ 满足 Markov 链的定义,再由 $\{\xi_i, i \geq 1\}$ 同分布性,得 $\{X_n, n \geq 0\}$ 满足齐次性,因此 $\{X_n, n \geq 0\}$ 是一个 Markov 链.

当 $i < j$ 时,$p_{ij} = P(\xi_2 = j) = P(\xi_1 = j) = p_j, j \geq 1$;当 $i > j$ 时,$p_{ij} = 0$.

利用 $\sum\limits_{j=0}^{\infty} p_{ij} = 1$ 及题设 $\sum\limits_{k=0}^{\infty} p_k = 1$ 知

$$p_{ii} = 1 - \sum_{i < j} p_{ij} = 1 - \sum_{j=i+1}^{\infty} p_j = \sum_{j=0}^{i} p_j,$$

故 $\{X_n, n \geq 0\}$ 的一步转移矩阵为

$$\boldsymbol{P} = \begin{pmatrix} p_0 & p_1 & p_2 & \cdots & \cdots & \cdots \\ 0 & p_0 + p_1 & p_2 & \cdots & \cdots & \cdots \\ \cdots & \cdots & \cdots & \cdots & \cdots & \cdots \\ 0 & \cdots & \cdots & 0 & \sum\limits_{j=0}^{i} p_j & p_{i+1} \\ \cdots & \cdots & \cdots & \cdots & \cdots & \cdots \end{pmatrix}.$$

17. 已知 Markov 链 $X = \{X_n, n \geq 0\}$ 的状态空间为 $E = \{0, 1, 2, \cdots\}$,而其一步转移矩阵为

$$\boldsymbol{P} = \begin{pmatrix} 0 & 1 & 0 & & & & \\ 0 & \frac{1}{2} & \frac{1}{2} & & & \mathbf{0} & \\ 0 & 0 & (\frac{1}{2})^2 & 1 - (\frac{1}{2})^2 & & & \\ 0 & 0 & 0 & (\frac{1}{2})^3 & 1 - (\frac{1}{2})^3 & & \\ \vdots & \vdots & \vdots & \vdots & \vdots & \vdots & \vdots \\ \mathbf{0} & & & & (\frac{1}{2})^n & 1 - (\frac{1}{2})^n & \\ & & & & & \cdots & \cdots \end{pmatrix}.$$

试分析此链是否为常返链?

解 直接对任一状态 n 求 f_{nn},即可知其是否为常返的. 由题意得

$$f_{00}=0, f_{11}=f_{11}^{(1)}=p_{11}=\frac{1}{2}<1, f_{22}=f_{22}^{(1)}=p_{22}=\frac{1}{2^2}<1,$$

$$f_{33}=f_{33}^{(1)}=\frac{1}{2^3}<1,\cdots, f_{nn}=f_{nn}^{(1)}=p_{nn}=\frac{1}{2^n}<1,\cdots$$

故对 E 中任一状态 n,由定义即知其是非常返的.

18. A,B 两罐共装 N 个球. 试做如下实验:在时刻 n,先从 N 个球中等概率地任取一球,然后从 A,B 两罐中任选一个,选 A 的概率为 p,选 B 的概率为 q,$p+q=1$. 之后再将选出的球放入选好的罐中. 设 X_n 为时刻 n 时 A 罐中的球数. 试求出此 Markov 链 $\{X_n, n=1,2,\cdots\}$ 的转移概率矩阵.

解 由题设知,$\{X_n, n=0,1,2,\cdots\}$ 的状态空间为 $\chi=\{0,1,2,\cdots,N\}$. 以 I_n 表示在时刻 n 从 N 个球中等概率地取得一球的结果,约定

$$I_n=\begin{cases}0, & \text{在时刻 } n \text{ 从 } B \text{ 罐中取一球,}\\ -1, & \text{在时刻 } n \text{ 从 } A \text{ 罐中取一球.}\end{cases}$$

由题设可知,给定 $X_k=i_k, k\in\chi, k=1,2,\cdots,n-1$ 时,I_n 的条件分布为

$$\begin{cases}P(I_n=0|X_{n-1}=i_{n-1},\cdots,X_1=i_1,X_0=i_0)=P(I_n=0|X_{n-1}=i_{n-1})=1-\dfrac{i_{n-1}}{N},\\ P(I_n=-1|X_{n-1}=i_{n-1},\cdots,X_1=i_1,X_0=i_0)=P(I_n=-1|X_{n-1}=i_{n-1})=\dfrac{i_{n-1}}{N}\end{cases}$$

$$\text{(4.1)}$$

再以 J_n 表示在时刻 n 从 A,B 两罐中任选一罐所得的结果,约定

$$J_n=\begin{cases}1, & \text{在时刻 } n \text{ 选中 } A \text{ 罐,}\\ 0, & \text{在时刻 } n \text{ 选中 } B \text{ 罐.}\end{cases}$$

由题设可知,$\{X_n, n=0,1,2,\cdots, I_n=1,2,\cdots\}$ 与 $\{J_n, n=1,2,\cdots\}$ 独立,且 J_n 的分布为

$$\begin{cases}P(J_n=1)=p,\\ P(J_n=0)=q.\end{cases}\quad\text{(4.2)}$$

此外有

$$X_n=X_{n-1}+I_n+J_n, \ n=1,2,\cdots. \quad\text{(4.3)}$$

下面证 $\{X_n, n=0,1,2,\cdots\}$ 为一 Markov 链. 其实由式(4.1)、式(4.2)和式(4.3)可知,对任意的正整数 n 及任意状态 $i_0,\cdots,i_{n+1}\in\chi$,有

$$P(X_{n+1} = i_{n+1} | X_0 = i_0, \cdots, X_{n-1} = i_{n-1}, X_n = i_n)$$

$$= P(X_n + I_{n+1} + J_{n+1} = i_{n+1} | X_0 = i_0, \cdots, X_{n-1} = i_{n-1}, X_n = i_n)$$

$$= P(I_{n+1} + J_{n+1} = i_{n+1} - i_n | X_0 = i_0, \cdots, X_{n-1} = i_{n-1}, X_n = i_n)$$

$$= P(I_{n+1} + J_{n+1} = i_{n+1} - i_n, I_{n+1} = 0 | X_0 = i_0, \cdots, X_{n-1} = i_{n-1}, X_n = i_n)$$

$$\quad + P(I_{n+1} + J_{n+1} = i_{n+1} - i_n, I_{n+1} = -1 | X_0 = i_0, \cdots, X_{n-1} = i_{n-1}, X_n = i_n)$$

$$= P(J_{n+1} = i_{n+1} - i_n, I_{n+1} = 0 | X_0 = i_0, \cdots, X_{n-1} = i_{n-1}, X_n = i_n)$$

$$\quad + P(J_{n+1} = i_{n+1} - i_n + 1, I_{n+1} = -1 | X_0 = i_0, \cdots, X_{n-1} = i_{n-1}, X_n = i_n)$$

$$= P(J_{n+1} = i_{n+1} - i_n | X_0 = i_0, \cdots, X_{n-1} = i_{n-1}, X_n = i_n, I_{n+1} = 0)$$

$$\quad \cdot P(I_{n+1} = 0 | X_0 = i_0, \cdots, X_{n-1} = i_{n-1}, X_n = i_n)$$

$$\quad + P(J_{n+1} = i_{n+1} - i_n + 1 | X_0 = i_0, \cdots, X_{n-1} = i_{n-1}, X_n = i_n, I_{n+1} = -1)$$

$$\quad \cdot P(I_{n+1} = -1 | X_0 = i_0, \cdots, X_{n-1} = i_{n-1}, X_n = i_n)$$

$$= P(J_{n+1} = i_{n+1} - i_n)(1 - \frac{i_n}{N}) + P(J_{n+1} = i_{n+1} - i_n + 1)\frac{i_n}{N}$$

$$= \begin{cases} p(1 - \dfrac{i_n}{N}), & i_{n+1} - i_n = 1, \\[2mm] q(1 - \dfrac{i_n}{N}) + p\dfrac{i_n}{N}, & i_{n+1} - i_n = 0, \\[2mm] q\dfrac{i_n}{N}, & i_{n+1} - i_n = -1, \\[2mm] 0, & 其他 \end{cases} \qquad (4.4)$$

同理可得

$$P(X_{n+1} = i_{n+1} | X_n = i_n) = \begin{cases} p(1 - \dfrac{i_n}{N}), & i_{n+1} - i_n = 1, \\[2mm] q(1 - \dfrac{i_n}{N}) + p\dfrac{i_n}{N}, & i_{n+1} - i_n = 0, \\[2mm] q\dfrac{i_n}{N}, & i_{n+1} - i_n = -1, \\[2mm] 0 & 其他 \end{cases}$$

由此及式(4.4)可得

$$P(X_{n+1} = i_{n+1} | X_0 = i_0, \cdots, X_{n-1} = i_{n-1}, X_n = i_n)$$

$$= P(X_{n+1} = i_{n+1} | X_n = i_n)$$

$$
= \begin{cases} p\left(1 - \dfrac{i_n}{N}\right), & i_{n+1} - i_n = 1, \\[2mm] q\left(1 - \dfrac{i_n}{N}\right) + p\dfrac{i_n}{N}, & i_{n+1} - i_n = 0, \\[2mm] q\dfrac{i_n}{N}, & i_{n+1} - i_n = -1, \\[2mm] 0, & \text{其他.} \end{cases}
$$

这说明了,$\{X_n, n = 0, 1, 2, \cdots,\}$ 为一 Markov 链,且其转移概率矩阵为

$$
\boldsymbol{P} = \frac{1}{N}\begin{pmatrix} qN & pN & 0 & \cdots & 0 & 0 & 0 \\ q & q(N-1)+p & p(N-1) & \cdots & 0 & 0 & 0 \\ 0 & 2q & q(N-2)+2p & \cdots & 0 & 0 & 0 \\ \vdots & \vdots & \vdots & & \vdots & \vdots & \vdots \\ 0 & 0 & 0 & \cdots & 2q+p(N-2) & 2p & 0 \\ 0 & 0 & 0 & \cdots & q(N-1) & q+p(N-1) & p \\ 0 & 0 & 0 & \cdots & 0 & qN & pN \end{pmatrix}.
$$

19. 设昨日、今日都下雨,则明日有雨的概率为 0.7;昨日无雨、今日有雨,则明日无雨的概率为 0.5;昨日有雨、今日无雨则明日有雨的概率为 0.4;昨日、今日都无雨则明日有雨的概率为 0.2. 若已知星期一、星期二均下雨,求星期四下雨的概率.

解 该随机序列有两个状态 $\{雨(R),晴(N)\}$,设昨日、今日连续两天有雨称为状态 $0(R_{昨}R_{今})$,昨日无雨、今日有雨称为状态 $1(N_{昨}R_{今})$,昨日有雨、今日无雨称为状态 $2(R_{昨}N_{今})$,昨日、今日无雨称为状态 $3(N_{昨}N_{今})$,于是天气预报模型可看作一个四状态的马尔可夫链,其转移概率为

$$
p_{00} = P(R_{今}R_{明}|R_{昨}R_{今}) = P\{连续三天有雨\} = P(R_{明}|R_{昨}R_{今}) = 0.7,
$$

$$
p_{01} = P(N_{今}R_{明}|R_{昨}R_{今}) = 0(不可能事件),
$$

$$
p_{02} = P(R_{今}R_{明}|R_{昨}R_{今}) = P\{N_{明}|R_{昨}R_{今}\} = 1 - 0.7 = 0.3,
$$

$$
p_{03} = P(N_{今}N_{明}|R_{昨}R_{今}) = 0\{不可能事件\},
$$

其中,R 代表有雨,N 代表无雨,类似可得到所有状态的一步转移概率,于是它的一步转移概率矩阵为

$$\boldsymbol{P} = \begin{pmatrix} p_{00} & p_{01} & p_{02} & p_{03} \\ p_{10} & p_{11} & p_{12} & p_{13} \\ p_{20} & p_{21} & p_{22} & p_{23} \\ p_{30} & p_{31} & p_{32} & p_{33} \end{pmatrix} = \begin{pmatrix} 0.7 & 0 & 0.3 & 0 \\ 0.5 & 0 & 0.5 & 0 \\ 0 & 0.4 & 0 & 0.6 \\ 0 & 0.2 & 0 & 0.8 \end{pmatrix}.$$

其两步转移概率矩阵为

$$\boldsymbol{P}^{(2)} = \boldsymbol{P}\boldsymbol{P} = \begin{pmatrix} 0.49 & 0.12 & 0.21 & 0.18 \\ 0.35 & 0.2 & 0.15 & 0.3 \\ 0.2 & 0.12 & 0.2 & 0.48 \\ 0.1 & 0.16 & 0.1 & 0.64 \end{pmatrix}.$$

由于星期四下雨意味着过程所处的状态为 0 或 1, 因此若星期一和星期二连续下雨, 星期四下雨的概率为: $p = p_{00}^{(2)} + p_{01}^{(2)} = 0.49 + 0.12 = 0.61$.

20. 设 Markov 链具有状态空间 $I = \{0, 1, 2, \cdots\}$, 转移概率为 $p_{i,i+1} = p_i, p_{ii} = r_i$, $p_{i,i-1} = q_i (i \geq 0)$, 其中, $p_i, q_i > 0$, $p_i + r_i + q_i = 1$. 称这种 Markov 链为生灭链, 它是不可约的. 记

$$a_0 = 1, a_j = \frac{p_0 p_1 \cdots p_{j-1}}{q_1 q_2 \cdots q_j}, \; j \geq 1$$

证此 Markov 链存在平稳分布的充要条件为 $\sum_{j=0}^{\infty} a_j < \infty$.

证明 由平稳分布的定义可得

$$\begin{cases} \pi_0 = \pi_0 r_0 + \pi_1 q_1, \\ \pi_j = \pi_{j-1} p_{j-1} + \pi_j r_j + \pi_{j+1} q_{j+1}, & j \geq 1, \\ p_j + r_j + q_j = 1, \end{cases}$$

于是有递推关系

$$\begin{cases} q_1 \pi_1 - p_0 \pi_0 = 0, \\ q_{j+1} \pi_{j+1} - p_j \pi_j = q_j \pi_j - p_{j-1} \pi_{j-1}, \end{cases}$$

解之得

$$\pi_j = \frac{p_{j-1} \pi_{j-1}}{q_j}, \quad j \geq 0,$$

所以

$$\pi_j = \frac{p_{j-1} \pi_{j-1}}{q_j} = \cdots = \frac{p_0 \cdots p_{j-1}}{q_1 \cdots q_j} \pi_0 = a_j \pi_0,$$

对 j 求和得

$$1 = \sum_{j=0}^{\infty} \pi_j = \pi_0 \sum_{j=0}^{\infty} a_j,$$

由此可知平稳分布存在的充要条件为 $\sum_{j=0}^{\infty} a_j < \infty$，此时

$$\pi_0 = \frac{1}{\sum\limits_{j=0}^{\infty} a_j}, \pi_j = \frac{a_j}{\sum\limits_{j=0}^{\infty} a_j}, \quad j \geqslant 1.$$

21. 设市场上有 A,B,C,D 四种啤酒，经过市场调查发现：A 种啤酒的广告在改变广告方式后，买 A 种啤酒及另三种啤酒 B,C,D 的顾客每两个月的平均转移概率如下：

$$A \to A(95\%) \to B(2\%) \to C(2\%) \to D(1\%),$$
$$B \to A(30\%) \to B(60\%) \to C(6\%) \to D(4\%),$$
$$C \to A(20\%) \to B(10\%) \to C(70\%) \to D(0\%),$$
$$D \to A(20\%) \to B(20\%) \to C(10\%) \to D(50\%).$$

设目前购买 A,B,C,D 四种啤酒的顾客的分布为（25%，30%，35%，10%），求半年后 A 种啤酒占有的市场份额.

解 显然转移概率矩阵为

$$P = \begin{pmatrix} 0.95 & 0.02 & 0.02 & 0.01 \\ 0.30 & 0.60 & 0.06 & 0.04 \\ 0.20 & 0.10 & 0.70 & 0.00 \\ 0.20 & 0.20 & 0.10 & 0.50 \end{pmatrix}.$$

再令 $\mu = (\mu_1, \mu_2, \mu_3, \mu_4) = (0.25, 0.30, 0.35, 0.10)$.

半年以后顾客的转移概率矩阵为 $P^{(3)}$，而

$$P^{(3)} = P^3 = \begin{pmatrix} 0.889\,38 & 0.045\,87 & 0.046\,56 & 0.018\,20 \\ 0.601\,75 & 0.255\,90 & 0.098\,80 & 0.043\,55 \\ 0.483\,40 & 0.138\,80 & 0.365\,80 & 0.011\,96 \\ 0.500\,90 & 0.213\,40 & 0.142\,64 & 0.143\,06 \end{pmatrix}.$$

因为只关心从 A,B,C,D 四种啤酒经三次转移后转到 A 种的概率，所以由 $P^{(3)}$ 的第一列，得

$$(0.25,0.30,0.35,0.10)\begin{pmatrix}0.889\ 38\\0.601\ 75\\0.483\ 40\\0.500\ 90\end{pmatrix}\approx0.622.$$

所以 A 种啤酒在后半年占有的市场份额为 62.2%,广告效益很好.

22. 设同类型产品装在两个盒子里,盒 1 内有 8 个一等品和 2 个二等品,盒 2 内有 6 个一等品和 4 个二等品. 做有放回的随机抽查,每次抽查一个,第一次在盒 1 内取. 取到一等品,继续在盒 1 内取;取到二等品,继续在盒 2 内取. 以 X_n 表示第 n 次取到产品的等级数,则 $\{X_n,n=1,2,\cdots\}$ 是齐次 Markov 链.

(1)写出状态空间和转移概率矩阵;

(2)恰好第 3,5,8 次取到一等品的概率为多少?

(3)求过程的平稳分布.

解　根据题意得,状态空间 $S=\{1,2\}$.

$$p_{11}=P(X_{n+1}=1\mid X_n=1)=\frac{8}{10}=\frac{4}{5},$$

$$p_{12}=P(X_{n+1}=2\mid X_n=1)=\frac{2}{10}=\frac{1}{5},$$

$$p_{21}=P(X_{n+1}=1\mid X_n=2)=\frac{6}{10}=\frac{3}{5},$$

$$p_{22}=P(X_{n+1}=2\mid X_n=2)=\frac{4}{10}=\frac{2}{5}.$$

转移概率矩阵为

$$P=\begin{pmatrix}\dfrac{4}{5}&\dfrac{1}{5}\\[2mm]\dfrac{3}{5}&\dfrac{2}{5}\end{pmatrix}.$$

(2) $P(X_1=1)=\dfrac{4}{5}$,$P(X_1=2)=\dfrac{1}{5}$,故有

$P(X_3=1,X_5=1,X_8=1)$

$=P(X_3=1)P(X_5=1\mid X_3=1)P(X_8=1\mid X_5=1,X_3=1)$

$=P(X_3=1)P(X_5=1\mid X_3=1)P(X_8=1\mid X_5=1)$

$=P(X_3=1)p_{11}^{(2)}p_{11}^{(3)}$

$=\displaystyle\sum_{i=1}^{2}P(X_1=i)P(X_3=1\mid X_1=i)p_{11}^{(2)}p_{11}^{(3)}$

$$= \sum_{i=1}^{2} P(X_1 = i) p_{i1}^{(2)} p_{11}^{(2)} p_{11}^{(3)}.$$

$$P^{(2)} = P^2 = \begin{pmatrix} \dfrac{19}{25} & \dfrac{6}{25} \\ \dfrac{18}{25} & \dfrac{7}{25} \end{pmatrix}, P^{(3)} = P^3 = \begin{pmatrix} \dfrac{94}{125} & \dfrac{31}{125} \\ \dfrac{93}{125} & \dfrac{32}{125} \end{pmatrix}.$$

$$P(X_3 = 1, X_5 = 1, X_8 = 1) = \sum_{i=1}^{2} P(X_1 = i) p_{i1}^{(2)} p_{11}^{(2)} p_{11}^{(3)}$$

$$= \left(\frac{4}{5} \times \frac{19}{25} + \frac{1}{5} \times \frac{18}{25} \right) \times \frac{19}{25} \times \frac{94}{125}$$

$$= 0.429\ 783.$$

（3）平稳分布(p_1, p_2)满足方程组

$$p_1 = p_1 \frac{4}{5} + p_2 \frac{3}{5},$$

$$p_2 = p_1 \frac{1}{5} + p_2 \frac{2}{5},$$

$$p_1 + p_2 = 1,$$

解之得 $p_1 = \dfrac{3}{4}, p_2 = \dfrac{1}{4}$.

23. 一个国家在稳定经济条件下其商品出口可用三状态的 Markov 链来描述，其中，状态"1"表示今年比去年增长$\geq 5\%$；"-1"表示今年比去年减少$\geq 5\%$；"0"表示波动低于5%. 设由以往的数据可求得转移概率矩阵为

$$P = \begin{pmatrix} 0.6 & 0.4 & 0 \\ 0.35 & 0.3 & 0.35 \\ 0 & 0.2 & 0.8 \end{pmatrix}.$$

试求每个状态的平均返回时间 $\mu_i (i = -1, 0, 1)$，并比较在稳定经济条件下增长趋势与减少趋势的期望长度.

解 画出该 Markov 链的状态转移矩阵如下图.

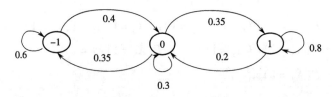

由图显然可知该 Markov 链为不可约的、非周期的，同时可知该 Markov 链是正常

返的.

　　从而该 Markov 链是不可约遍历的,其极限分布可通过求解下面的线性方程组的方法来获得,

$$\begin{cases} \pi_{-1} = 0.6\pi_{-1} + 0.35\pi_0, \\ \pi_0 = 0.4\pi_{-1} + 0.3\pi_0 + 0.2\pi_1, \\ \pi_1 = 0.35\pi_0 + 0.8\pi_1, \\ \pi_{-1} + \pi_0 + \pi_{-1} = 1, \end{cases}$$

解之得 $\pi_{-1} = \dfrac{7}{29}$, $\pi_0 = \dfrac{8}{29}$, $\pi_1 = \dfrac{14}{29}$. 故各状态平均返回时间为 $\mu_i = \dfrac{1}{\pi_i}$,即 $\mu_{-1} = \dfrac{29}{7}$, $\mu_0 = \dfrac{29}{8}$, $\mu_1 = \dfrac{29}{14}$. 又 $\pi_{-1} = \dfrac{7}{29}$, $\pi_1 = \dfrac{14}{29}$,即增长趋势的期望长度是减少趋势期望长度的两倍.

24. 设齐次 Markov 链 $X = \{X_n, n \geq 0\}$ 的状态空间为 $S = \{1, 2, \cdots, 8\}$,一步转移概率矩阵为

$$P = \begin{pmatrix} 0 & \frac{1}{4} & \frac{1}{2} & \frac{1}{4} & 0 & 0 & 0 & 0 \\ 0 & 0 & 0 & 0 & \frac{1}{2} & \frac{1}{2} & 0 & 0 \\ 0 & 0 & 0 & 0 & \frac{1}{3} & \frac{2}{3} & 0 & 0 \\ 0 & 0 & 0 & 0 & 0 & 1 & 0 & 0 \\ 0 & 0 & 0 & 0 & 0 & 0 & 1 & 0 \\ 0 & 0 & 0 & 0 & 0 & 0 & \frac{1}{2} & \frac{1}{2} \\ 1 & 0 & 0 & 0 & 0 & 0 & 0 & 0 \\ 1 & 0 & 0 & 0 & 0 & 0 & 0 & 0 \end{pmatrix}.$$

试分解 Markov 链 X 的状态空间,并讨论状态的周期性.

　　解　Markov 链的状态转移如下图所示:

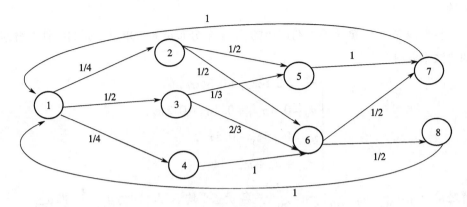

易知,Markov 链的各个状态之间是互通的,因此该 Markov 链的状态空间是由正常返状态构成的不可约闭集.

取状态 1 讨论,因为

$$f_{11}^{(1)}=0, \quad f_{11}^{(2)}=0, \quad f_{11}^{(3)}=0, \quad f_{11}^{(4)}>0, \quad f_{11}^{(n)}=0 \quad (n \geqslant 5),$$

所以 Markov 链的状态的周期为 4.

由分解定理可知,状态空间又分为 4 个互不相交的状态子集,J_1, J_2, J_3, J_4. 其中,$J_1=\{1\}, J_2=\{2,3,4\}, J_3=\{5,6\}, J_4=\{7,8\}$. 因此该周期为 4 的 Markov 链具有确定的周期性状态转移规律,即 $J_1 \rightarrow J_2 \rightarrow J_3 \rightarrow J_4 \rightarrow J_1 \rightarrow \cdots$.

Chapter 5 连续时间的 Markov 链

5.1 内容提要

1.连续时间 Markov 链的定义及其基本性质

1) 定义

设定义在 $(\Omega, \mathscr{F}, P)$ 上的随机过程 $\{X(t), t \geq 0\}$ 的状态空间 $I = \{0, 1, 2, \cdots\}$,如果对任意正整数 $m(m \geq 0)$,$s(s > 0)$ 及任意 $0 \leq t_1 < t_2 < \cdots < t_m$ 和 $i_1, i_2, \cdots, i_m, j \in I$,都有

$$P[X(t_m + s) = j | X(t_1) = i_1, \cdots, X(t_m) = i_m] = P[X(t_m + s) = j | X(t_m) = i_m],$$

则称 $\{X(t), t \geq 0\}$ 为连续时间的 Markov 链.

2) 转移概率函数

称条件概率 $P[X(t+s) = j | X(t) = i]$ 为在 t 时刻系统处于状态 i,经过时间 s 后转移到状态 j 的转移概率函数,记为 $P_{ij}(t, t+s)$,即

$$P_{ij}(t, t+s) = P[X(t+s) = j | X(t) = i].$$

3) 连续时间的齐次 Markov 链

如果转移概率函数 $p_{ij}(t, t+s)$ 与起始时刻 t 无关,则称该 Markov 链为连续时间的齐次 Markov 链,并记 $p_{ij}(t, t+s)$ 为 $p_{ij}(s)$.

以下我们只讨论连续时间的齐次 Markov 链,也简单称为连续时间的 Markov 链.

4) 转移概率矩阵

记矩阵

$$\boldsymbol{P}(s) = (p_{ij}(s)) = \begin{pmatrix} p_{00}(s) & p_{01}(s) & p_{02}(s) & \cdots \\ p_{10}(s) & p_{11}(s) & p_{12}(s) & \cdots \\ \vdots & \vdots & \vdots & \\ p_{n0}(s) & p_{n1}(s) & p_{n2}(s) & \cdots \\ \vdots & \vdots & \vdots & \end{pmatrix},$$

称 $\boldsymbol{P}(s)$ 为 Markov 链 $\{X(t), t \geq 0\}$ 的转移概率矩阵.

$\boldsymbol{P}(s)$ 是随机矩阵,即具有以下性质:

① $p_{ij}(s) \geq 0, i, j \in I$;

② $\sum\limits_{j \in I} p_{ij}(s) = 1, i \in I.$

5)C-K 方程

对连续时间的 Markov 链,其转移概率函数满足如下关系:

$$p_{ij}(s+t) = \sum_{\tau \in I} p_{i\tau}(s) p_{\tau j}(t), \quad i, j \in I, \forall s > 0, t > 0,$$

称上式为连续时间 Markov 链的 Chapman-Kolmogorov 方程,简称 C-K 方程.

6)连续性条件

令

$$\lim_{t \to 0} p_{ij}(t) = \delta_{ij} = \begin{cases} 1, & i = j, \\ 0, & i \neq j, \end{cases}$$

称之为连续性条件或标准性条件. 满足连续性条件的 Markov 过程称为随机连续的 Markov 过程. 即认为系统在很短的时间内,其状态不会改变.

7)初始分布

称概率分布

$$p_j = p_j(0) = P[X(0) = j], \quad j \in I$$

为连续时间 Markov 链的初始分布.

8)绝对分布

对任意 $t > 0$,称概率分布

$$p_j(t) = P[X(t) = j, j \in I]$$

为连续时间 Markov 链的绝对分布.

9)初始分布与绝对分布之间的关系

由全概率公式可得

$$p_j(t) = \sum_{k \in I} p_k(0) p_{kj}(t).$$

同样可知,连续时间的 Markov 链的有限维分布由其初始分布和转移概率函数决定.

2. Kolmogorov(柯尔莫哥洛夫)微分方程

1)定理

设 p_{ij} 是连续时间 Markov 链的转移概率函数,则对固定的 i, j, p_{ij} 在 $(0, +\infty)$ 上

一致连续,且有

① $\lim\limits_{t \to 0+0} \dfrac{p_{ij}(t)}{t} = q_{ij} < +\infty$, $i \neq j$,且 $i,j \in I$;

② $\lim\limits_{t \to 0+0} \dfrac{p_{ii}(t) - 1}{t} = q_{ii} \leqslant +\infty$, $i \in I$.

2)密度矩阵

称 q_{ij} 为连续时间 Markov 链从状态 i 到状态 j 的转移概率密度或转移速率或跳跃强度,记 $\boldsymbol{Q} = (q_{ij})$,称 $\boldsymbol{Q}$ 为该链的转移概率密度矩阵或 $\boldsymbol{Q}$ 矩阵,即

$$\boldsymbol{Q} = (q_{ij}) = \begin{pmatrix} q_{00} & q_{01} & q_{02} & \cdots \\ q_{10} & q_{11} & q_{12} & \cdots \\ \vdots & \vdots & \vdots & \\ q_{n0} & q_{n1} & q_{n2} & \cdots \\ \vdots & \vdots & \vdots & \end{pmatrix} .$$

3)保守阵

如果对任意的 $i \in I$,都有 $\sum\limits_{j \neq i} q_{ij} = -q_{ii} < +\infty$,则称该 Markov 链的密度矩阵 $\boldsymbol{Q}$ 是保守的.

状态空间 I 有限的 Markov 链的密度矩阵 $\boldsymbol{Q}$ 是保守的. 此时 $\boldsymbol{Q}$ 具有以下性质:

① $q_{ij} \geqslant 0$, $i \neq j$, $i,j \in I$;

② $q_{ii} \leqslant 0$, $i \in I$;

③ $\sum\limits_{j \in I} q_{ij} = 0$, $i \in I$.

4)Kolmogorov 微分方程

如果连续时间 Markov 链的密度矩阵 $\boldsymbol{Q}$ 是保守的,则以下两式成立:

$$p'_{ij}(t) = q_{ii} p_{ij}(t) + \sum_{k \neq i} q_{ik} p_{kj}(t) , \quad i,j \in I; \qquad (5.1)$$

$$p'_{ij}(t) = p_{ij}(t) q_{ii} + \sum_{k \neq i} p_{ik}(t) q_{kj} , \quad i,j \in I. \qquad (5.2)$$

式(5.1)和式(5.2)分别称为 Kolmogorov 向后方程和向前方程. 其矩阵形式分别为

$$\boldsymbol{P}'(t) = \boldsymbol{Q} \boldsymbol{P}(t) ,$$

$$\boldsymbol{P}'(t) = \boldsymbol{P}(t) \boldsymbol{Q} ,$$

其中, $\boldsymbol{P}'(t)$ 是以 $\boldsymbol{P}(t)$ 元素的导数为对应元素的矩阵,即

$$\boldsymbol{P}'(t) = (p'_{ij}(t)).$$

5) Fokker-Planck(福克—普朗克)方程

绝对分布与概率密度之间存在以下关系

$$p'_j(t) = \sum_{i=0}^{n} p_i(t) q_{ij}, j \in I. \tag{5.3}$$

式(5.3)称为 Fokker-Planck 方程.

3. 平稳分布

设连续时间 Markov 链 $\{X(t), t \geq 0\}$ 的转移概率矩阵为 $\boldsymbol{P}(t) = (p_{ij}(t))$, $\{p_i, i = 0, 1, 2, \cdots\}$ 为一个概率分布,满足

$$p_i \geq 0, \ i = 1, 2, \cdots, 且 \sum_{i=0}^{+\infty} p_i = 1.$$

如果对一切 $t > 0$,有 $p_j = \sum_{i=0}^{+\infty} p_i p_{ij}(t)$,则称概率分布 $\{p_j, j = 0, 1, 2, \cdots\}$ 为 Markov 链 $\{X(t), t \geq 0\}$ 的平稳分布.

设连续时间 Markov 链存在平稳分布 $\pi_j, j \in I$,记 $\boldsymbol{\pi} = (\pi_j)_{j \in I}$,则 $\boldsymbol{\pi}$ 满足

$$\boldsymbol{\pi} \boldsymbol{Q} = 0.$$

4. 生灭过程

生灭过程应用范围很广。在排队论、可靠性理论、生物、医学、物理、交通、通信、经济管理等诸多领域成为有效的数学模型.

设连续时间 Markov 过程 $X_T = \{X(t), t \geq 0\}$ 的状态空间是 $I = \{0, 1, 2, \cdots\}$. 若转移概率矩阵 $\boldsymbol{P}(t) = (P_{ij}(t))$ 满足:当 h 充分小时,有

$$\begin{cases} P_{i\,i+1}(h) = \lambda_i h + o(h), \\ P_{i\,i-1}(h) = \mu_i h + o(h), \\ P_{ii}(h) = 1 - (\lambda_i + \mu_i) h + o(h), \\ P_{ij}(h) = o(h), |i-j| \geq 2 \end{cases}$$

则称 X_T 为生灭过程.

其密度阵为保守阵. $\boldsymbol{Q} = (q_{ij})$. 记为

$$\begin{cases} q_{00} = -\lambda_0, q_{01} = \lambda_0, q_{0j} = 0, \quad j \geq 2, \\ q_{ii} = -(\lambda_i + \mu_i), q_{i\,i+1} = \lambda_i, q_{i\,i-1} = \mu_i, \quad i \geq 1, \\ q_{ij} = 0, \quad |i-j| \geq 2, \end{cases}$$

$$Q = \begin{pmatrix} -\lambda_0 & \lambda_0 & 0 & 0 & 0 & \cdots & \cdots \\ \mu_1 & -(\lambda_1+\mu_1) & \lambda_1 & 0 & 0 & 0 & \cdots \\ 0 & \mu_2 & -(\lambda_2+\mu_2) & \lambda_2 & 0 & 0 & \cdots \\ 0 & 0 & \mu_3 & -(\lambda_3+\mu_3) & \mu_3 & 0 & \cdots \\ \vdots & \vdots & \vdots & \vdots & \vdots & \vdots \end{pmatrix}$$

在级数 $\sum\limits_{k=1}^{\infty} \dfrac{\lambda_0\lambda_1\cdots\lambda_{k-1}}{\mu_1\mu_2\cdots\mu_k} < \infty$ 条件下,存在平稳分布.

其平稳分布为

$$\begin{cases} \pi_k = \dfrac{\lambda_0\lambda_1\cdots\lambda_{k-1}\pi_0}{\mu_1\mu_2\cdots\mu_k}, & k=1,2,\cdots, \\[3mm] \pi_0 = \left(1 + \sum\limits_{k=1}^{\infty} \dfrac{\lambda_0\lambda_1\cdots\lambda_{k-1}}{\mu_1\mu_2\cdots\mu_k}\right)^{-1}. \end{cases}$$

5.2　习题解答

1. 试证明 Poisson 过程 $\{N(t),t\geqslant 0\}$ 是连续时间的齐次 Markov 过程.

证明　任意 n 个时刻 $0\leqslant t_1 < t_2 < \cdots < t_n < t_{n+1}$,任意 n 个正整数 $i_1 \leqslant i_2 \cdots \leqslant i_n$ $\leqslant i_{n+1}$,由 Poisson 过程的独立增量性,有

$$P[N(t_{n+1})=i_{n+1}, N(t_n)=i_n, N(t_{n-1})=i_{n-1},\cdots,N(t_1)=i_1]$$
$$=P[N(t_1)-N(t_0)=i_1, N(t_2)-N(t_1)=i_2-i_1,\cdots,N(t_{n+1})-N(t_n)=i_{n+1}-i_n]$$
$$=P[N(t_1)-N(0)=i_1]P[N(t_2)-N(t_1)=i_2-i_1]\cdots P[N(t_{n+1})-N(t_n)=i_{n+1}-i_n],$$

因而

$$P[N(t_{n+1})=i_{n+1} | N(t_n)=i_n, N(t_{n-1})=i_{n-1},\cdots,N(t_1)=i_1]$$
$$=\frac{P[N(t_{n+1})=i_{n+1}, N(t_n)=i_n, N(t_{n-1})=i_{n-1},\cdots,N(t_1)=i_1]}{P[N(t_n)=i_n, N(t_{n-1})=i_{n-1},\cdots,N(t_1)=i_1]}$$
$$=P[N(t_{n+1})-N(t_n)=i_{n+1}-i_n] = \mathrm{e}^{-\lambda(t_{n+1}-t_n)}\frac{[\lambda(t_{n+1}-t_n)]^{i_{n+1}-i_n}}{(i_{n+1}-i_n)!},$$

另一方面

$$P[N(t_{n+1})=i_{n+1} | N(t_n)=i_n] = \frac{P[N(t_{n+1})=i_{n+1}, N(t_n)=i_n]}{P[N(t_n)=i_n]}$$
$$=P[N(t_{n+1})-N(t_n)=i_{n+1}-i_n]$$

$$= e^{-\lambda(t_{n+1}-t_n)} \frac{[\lambda(t_{n+1}-t_n)]^{i_{n+1}-i_n}}{(i_{n+1}-i_n)!},$$

因此 Markov 性得证. 因为对于 $i < j$, 有

$$p_{ij}(s,t) = P[N(t+s)=j|N(s)=i] = e^{-\lambda t}\frac{(\lambda t)^{j-i}}{(j-i)!},$$

转移概率只与时间间隔 t 有关, 因此齐次性得证.

2. 设 $\{X(t), t \geqslant 0\}$ 是状态空间为 $I = \{0,1\}$ 的 Markov 过程, 转移概率矩阵

$$\boldsymbol{P}(t) = \frac{1}{8}\begin{pmatrix} 1+7e^{-8t} & 7-7e^{-8t} \\ 1-e^{-8t} & 7+e^{-8t} \end{pmatrix}.$$

(1) $P[X(0)=0] = \frac{1}{10}$, $P[X(0)=1] = \frac{9}{10}$, 求时刻 t 的绝对概率;

(2) 求密度矩阵 $\boldsymbol{Q}$.

解 (1) $P[X(t)=1] = P[X(t)=1|X(0)=0]P[X(0)=0] + P[X(t)=1|$

$X(0)=1]P[X(0)=1] = \frac{1}{8}(7+\frac{1}{5}e^{-8t})$,

$P[X(t)=0] = P[X(t)=0|X(0)=0]P[X(0)=0] + P[X(t)=0|X(0)=1]$

$\cdot P[X(0)=1] = \frac{1}{8}(1-\frac{1}{5}e^{-8t})$.

(2) $$\boldsymbol{P}'(t) = \begin{pmatrix} -7e^{-8t} & 7e^{-8t} \\ e^{-8t} & -e^{-8t} \end{pmatrix},$$

$$\boldsymbol{Q} = \boldsymbol{P}'(t)|_{t=0} = \begin{pmatrix} -7 & 7 \\ 1 & -1 \end{pmatrix}.$$

3. 设 $\{X(t), t \geqslant 0\}$ 是状态空间为 $I = \{0,1\}$ 的 Markov 过程, 转移概率矩阵 $\boldsymbol{P}(t)$ 的密度矩阵 $\boldsymbol{Q} = \begin{pmatrix} -\lambda & \lambda \\ \mu & -\mu \end{pmatrix}$.

(1) 求转移概率矩阵 $\boldsymbol{P}(t)$;

(2) 已知 $P[X(0)=0] = p$, 求 $E[X(t)]$, $D[X(t)]$.

解 (1) 由 Kolmogorov 向前微分方程: $\boldsymbol{P}'(t) = \boldsymbol{P}(t)\boldsymbol{Q}$, 以及 $p_{00}+p_{01} = p_{10}+p_{11} = 1$, 可得

$$\begin{cases} p_{i0}'(t) = -(\lambda+\mu)p_{i0} + \mu, \\ p_{i1}'(t) = -(\lambda+\mu)p_{i1} + \lambda, \quad i = 0,1, \end{cases}$$

求解微分方程, 利用初值条件 $p_{00}(0) = p_{11}(0) = 1$, $p_{01} = p_{10} = 0$, 可得

$$p_{00}(t) = \frac{\mu}{\mu + \lambda} + \frac{\lambda}{\lambda + \mu} e^{-(\lambda + \mu)t},$$

$$p_{01}(t) = \frac{\lambda}{\lambda + \mu} - \frac{\lambda}{\lambda + \mu} e^{-(\lambda + \mu)t},$$

$$p_{10}(t) = \frac{\mu}{\mu + \lambda} - \frac{\mu}{\mu + \lambda} e^{-(\lambda + \mu)t},$$

$$p_{11}(t) = \frac{\lambda}{\lambda + \mu} + \frac{\mu}{\mu + \lambda} e^{-(\lambda + \mu)t}.$$

（2）

$$E[X(t)] = P[X(t) = 1]$$

$$= P[X(t) = 1 \mid X(0) = 0]P[X(0) = 0] + P[X(t) = 1 \mid X(0) = 1]P[X(0) = 1]$$

$$= pp_{01}(t) + (1-p)p_{11}(t)$$

$$= p\left[\frac{\lambda}{\lambda + \mu} - \frac{\lambda}{\lambda + \mu} e^{-(\lambda + \mu)t}\right] + (1-p)\left[\frac{\lambda}{\lambda + \mu} + \frac{\mu}{\mu + \lambda} e^{-(\lambda + \mu)t}\right]$$

$$= -pe^{-(\lambda + \mu)t} + \frac{\lambda}{\lambda + \mu} + \frac{\mu}{\mu + \lambda} e^{-(\lambda + \mu)t}.$$

$$D[X(t)] = E[X^2(t)] - \{E[X(t)]\}^2 = E[X(t)] - \{E[X(t)]\}^2 = E[X(t)]\{1 - E[X(t)]\}$$

$$= \left[-pe^{-(\lambda + \mu)t} + \frac{\lambda}{\lambda + \mu} + \frac{\mu}{\mu + \lambda} e^{-(\lambda + \mu)t}\right] \cdot \left[pe^{-(\lambda + \mu)t} + \frac{\mu}{\lambda + \mu} - \frac{\mu}{\mu + \lambda} e^{-(\lambda + \mu)t}\right].$$

4. 设 $\{N(t), t \geq 0\}$ 是参数为 λ 的 Poisson 过程, 令

$$\{X(t) = 1\} = \bigcup_{n=0}^{\infty} \{N(t) = 2n\}, \quad \{X(t) = 0\} = \bigcup_{n=0}^{\infty} \{N(t) = 2n+1\}, \quad t \geq 0,$$

试证明 $\{X(t), t \geq 0\}$ 是连续时间的 Markov 链, 并求 $\boldsymbol{P}(t)$ 与 $\boldsymbol{Q} = (q_{ij})$.

证明　Markov 性可由 Poisson 过程的独立增量性可证.

由于 Poisson 过程到达时间间隔服从指数分布, 指数分布具有无记忆性, $x(t)$ 具有无后效性, 是连续时间 Markov 链。状态空间只有 $I = \{0,1\}$ 两种状态, 是上一题的特例, 借用上例的结果 $\mu = \lambda$.

$$\boldsymbol{P}(t) = \begin{pmatrix} \dfrac{1}{2}(1 + e^{-2\lambda t}) & \dfrac{1}{2}(1 - e^{-2\lambda t}) \\ \dfrac{1}{2}(1 - e^{-2\lambda t}) & \dfrac{1}{2}(1 + e^{-2\lambda t}) \end{pmatrix}$$

$$\boldsymbol{P}'(t) = \begin{pmatrix} -\lambda e^{-2\lambda t} & \lambda e^{-2\lambda t} \\ \lambda e^{-2\lambda t} & \lambda e^{-2\lambda t} \end{pmatrix}$$

$$\boldsymbol{Q} = \boldsymbol{P}'(t) \mid_{t=0} = \begin{pmatrix} -\lambda & \lambda \\ \lambda & -\lambda \end{pmatrix}$$

5. 连续时间 Markov 链 $\{X(t),t\geq 0\}$ 的状态空间 $I=\{1,2,\cdots,m\}$,当 $i\neq j$ 时 $q_{ij}=1,q_{ii}=1-m$,求 $p_{ij}(t)$.

证明 由方程 $\boldsymbol{P}'(t)=\boldsymbol{P}(t)\boldsymbol{Q}$,以及 $\sum\limits_{j=1}^{m}p_{ij}=1,i\in I$,有

$$p_{ij}'=1-mp_{ij},$$

求解得

$$p_{ij}(t)=\frac{1}{m}+Ce^{-mt}.$$

由 $p_{ii}(0)=1$,得 $C=1-\dfrac{1}{m},p_{ii}(t)=e^{-mt}+\dfrac{1}{m}(1-e^{-mt})$.

由当 $i\neq j$ 时,$p_{ij}(0)=0$,得 $C=-\dfrac{1}{m}$,因此 $p_{ij}(t)=\dfrac{1}{m}(1-e^{-mt})$.

6. 一质点在 $1,2,3$ 点上做随机游动. 若在时刻 t 质点位于这三个点之一,则在 $[t,t+\Delta t)$ 内,它以概率 $\Delta t+o(\Delta t)$ 分别转移到其他二点之一. 试求质点随机游动的 Kolmogorov 微分方程,转移概率 $p_{ij}(t)$ 及平稳分布.

解 $q_{ij}=\lim\limits_{t\to 0}\dfrac{p_{ij}(t)}{t}=1,i\neq j;q_{ii}=-2.$

Kolmogorov 向前方程:

$$p_{12}'=p_{11}+p_{13}-2p_{12}.$$

由 $p_{11}+p_{12}+p_{13}=1$,得

$$p_{12}'=1-3p_{12}.$$

同理可知,对任意 $i,j\in I$,有

$$p_{ij}'=1-3p_{ij}.$$

解线性微分方程,可得

$$p_{ij}(t)=\frac{1}{3}+Ce^{-3t}.$$

当 $i\neq j$ 时,$p_{ij}(0)=0$,则 $C=-\dfrac{1}{3}$,因此 $p_{ij}(t)=\dfrac{1}{3}(1-e^{-3t})$.

当 $i=j$ 时,$p_{ii}(0)=1$,则 $C=\dfrac{2}{3}$,因此 $p_{ii}(t)=\dfrac{1}{3}+\dfrac{2}{3}e^{-3t}$.

由 $\lim\limits_{t\to\infty}p_{ij}(t)=\dfrac{1}{3},i\in I$,其平稳分布为 $(\dfrac{1}{3},\dfrac{1}{3},\dfrac{1}{3})$.

7. 设有 a 台机器,假定每台机器的使用寿命是随机的,都服从参数为 μ 的指数分布,且相互独立. 设 $X(t)$ 表示在 t 时刻能使用的机器台数. 求:

（1）在 t 时刻有 j 台机器能使用的条件下,时间 $(t,t+\Delta t)$ 内有一台机器不能使用的概率;

（2）概率转移函数满足的微分方程.

解 （1）设第 i 台机器的使用寿命是 T_i,则
$$p_{j,j-1}(\Delta t)=P[X(t+\Delta t)=j-1|X(t)=j]$$
$$=C_j^1 P(T_1>\Delta t,\cdots,T_{j-1}>\Delta t,T_j\leqslant\Delta t)$$
$$=C_j^1(1-e^{-\mu\Delta t})(e^{-\mu\Delta t})^{j-1}.$$

（2） $q_{j,j-1}=\lim\limits_{\Delta t\to 0}\dfrac{p_{j,j-1}(\Delta t)}{\Delta t}=j\mu$,由
$$p_{j,j-i}(\Delta t)=P[X(t+\Delta t)=j-i|X(t)=j]$$
$$=C_j^i P(T_1>\Delta t,\cdots,T_{j-i}>\Delta t,T_{j-i-1}\leqslant\Delta t,T_j\leqslant\Delta t)$$
$$=C_j^i(1-e^{-\mu\Delta t})^i(e^{-\mu\Delta t})^{j-i},$$

当 $i>1$ 时, $q_{j,j-i}=\lim\limits_{\Delta t\to 0}\dfrac{p_{j,j-i}(\Delta t)}{\Delta t}=0.$

概率转移函数满足的微分方程:
$$p_{ij}'=\sum_k p_{ik}q_{kj}=p_{i,j+1}q_{j+1,j}+p_{ij}q_{jj}=\mu(j+1)p_{i,j+1}-\mu j p_{ij}.$$

8. 设有两个通信信道,每个信道的正常工作时间服从指数分布,其参数为 λ,两个信道何时产生中断是相互独立的. 信道一旦中断,立刻进行维修,其维修时间也服从指数分布其参数为 μ. 两个信道的维修时间也是独立的. 设两个信道在 $t=0$ 时均正常工作.

（1）求这两个信道组成的系统的 Q 矩阵;

（2）列出 Kolmogorov 向前微分方程.

解 （1）设 $X(t)$ 表示 t 时刻正常工作信道数,取值 $0,1,2$.
$$Q=\begin{pmatrix} -2\mu & 2\mu & 0 \\ \lambda & -\lambda-\mu & \mu \\ 0 & 2\lambda & -2\lambda \end{pmatrix}.$$

（2） $P'(t)=P(t)Q.$

9. 设 $\{X(t),t\geqslant 0\}$ 是纯灭过程, $\lambda_i=0,i\geqslant 0,\mu_n=n\mu,i\geqslant 1$ 且 $X(0)=j$. 求 $E[X(t)]$.

解 设 $p_j(t)=P[X(t)=j]$, Fokker – Planck 方程
$$\begin{cases} p_0'=\mu p_1, \\ p_j'=-j\mu p_j+(j+1)\mu p_{j+1}, \end{cases}$$

满足初始条件 $p_j(0)=1$；$p_i(0)=0$，$i\neq j$.

定义 $M(t):=E[X(t)]=\sum_{n=0}^{\infty}np_n(t)$，则有

$$\begin{cases} M'(t)=\sum_{n=0}^{\infty}np'_n(t)=\sum_{n=0}^{\infty}n[-n\mu p_n+(n+1)\mu p_{n+1}]=-\mu\sum_{n=1}^{\infty}np_n(t)=-\mu M(t), \\ M(0)=j, \end{cases}$$

解线性微分方程有 $M(t)=je^{-\mu t}$.

10. 有一个细菌菌群，在一段时间内可以通过分裂等方式产生新的细菌，并不会死去. 假设在 Δt 时间内，细菌分裂产生一个新细菌的概率为 $\lambda\Delta t+o(\Delta t)$，$X(t)$ 表示菌群的大小.

(1) 试证明 $\lambda_i=i\lambda$，$\mu_i=0$；

(2) 求向前、向后微分方程，并验证 $p_{kj}(t)=C_{j-1}^{j-k}(e^{-\lambda t})^k(1-e^{-\lambda t})^{j-k}$ 满足向前向后方程，$j\geq k\geq 1$；

(3) 求条件期望 $E[X(t+s)-X(s)|X(s)=m]$.

解 (1) $p_{i,i+1}(\Delta t)=i\lambda\Delta t+o(\Delta t)$，则

$$q_{i,i+1}=\lim_{\Delta t\to 0}\frac{p_{i,i+1}(\Delta t)}{t}=i\lambda,$$

$p_{i,i-1}=0$，则 $q_{i,i-1}=0$；因此 $\lambda_i=i\lambda$，$\mu_i=0$.

(2) 满足 Kolmogorov 向后、向前方程：

$$p'_{kj}(t)=-k\lambda p_{kj}(t)+k\lambda p_{k+1,j}(t),$$
$$p'_{kj}(t)=-j\lambda p_{kj}(t)+(j-1)\lambda p_{k,j-1},$$

验证略.

(3)

$$h(t):=E[X(t+s)-X(s)|X(s)=m]$$
$$=\sum_{n=0}^{\infty}nP[X(t+s)-X(s)=n|X(s)=m]$$
$$=\sum_{n=0}^{\infty}np_{m,m+n}(t)$$
$$=\sum_{n=0}^{\infty}nC_{m+n-1}^{n}e^{-\lambda mt}(1-e^{-\lambda t})^n,$$

又

$$1=\sum_{n=0}^{\infty}p_{m,m+n}(t)=\sum_{n=0}^{\infty}C_{m+n-1}^{n}e^{-\lambda mt}(1-e^{-\lambda t})^n,$$

两边对 t 求导,

$$0 = \sum_{n=0}^{\infty} \left[-mC_{m+n-1}^{n} e^{-\lambda mt} (1-e^{-\lambda t})^{n} + nC_{m+n-1}^{n} e^{-\lambda mt} (1-e^{-\lambda t})^{n-1} \right]$$

$$= -m + \frac{h(t)}{1-e^{-\lambda t}},$$

可得 $h(t) = m(1-e^{-\lambda t})$.

11. 设有大量实验样品,每个样品包含一个酵分子和母体物质. 若在 $(t,t+\Delta t)$ 内形成第二个酵分子的样品数与时刻 t 未形成第二个酵分子的样本数成正比,且与时刻 t 无关. 任一包含一个酵分子的样品在 $(t,t+\Delta t)$ 内产生第二个酵分子的概率为 $\lambda\Delta t + o(\Delta t)$. 设在时间间隔 Δt 内增加两个或更多酵分子的概率为 $o(\Delta t)$. 令 $X(t)$ 表示时刻 t 系统中的酵分子数,则 $\{X(t),t\geq 0\}$ 是齐次 Markov 过程,证明 $X(t)$ 是纯生过程.

证 转移概率为

$$p_{i,i+1}(\Delta t) = i\lambda\Delta t + o(\Delta t), \quad i\geq 0;$$
$$p_{i,i}(\Delta t) = 1 - i\lambda\Delta t + o(\Delta t), \quad i\geq 0;$$
$$p_{i,i-1}(\Delta t) = o(\Delta t), \quad i\geq 1;$$
$$p_{ij}(\Delta t) = o(\Delta t), \quad |i-j|>1.$$

由此可以得出

$$q_{i,i+1}(\Delta t) = i\lambda, \quad i\geq 0,$$
$$q_i = i\lambda, \quad i\geq 0,$$
$$q_{i,i-1} = 0, \quad i\geq 1,$$
$$q_{i,j} = 0, \quad |i-j|\geq 1,$$

所以 $X(t)$ 是纯生过程.

12. 设 $\boldsymbol{Q} = (q_{ij}, i,j\in I)$ 是标准转移概率矩阵 $\boldsymbol{P}(t)$ 的密度矩阵,若

$$\sup_{i\in I}(-q_{ii}) < +\infty,$$

证明 $\lim_{t\to 0^+} p_{ii} = 1$ 对一切 $i\in I$ 成立.

证 令 $M = \sup_{i\in I}|q_{ii}|$,则由转移概率矩阵的极限式

$$0\leq 1 - p_{ii}(t) \leq 1 - e^{-q_{ii}t} \leq 1 - e^{-Mt},$$

得

$$0\leq \lim_{t\to 0^+}\sup_{i\in I}[1-p_{ii}(t)] \leq \lim_{t\to 0^+}(1-e^{-Mt}) = 0,$$

即 $\lim_{t\to 0^+} p_{ii} = 1$ 对一切 $i\in I$ 成立.

13. 已知 Markov 链的转移概率矩阵为 $P(t)$,计算 Q 矩阵,其中,

$$P(t) = \frac{1}{5}\begin{pmatrix} 2+3e^{-3t} & 1-e^{-3t} & 2-2e^{-3t} \\ 2-2e^{-3t} & 1+4e^{-3t} & 2-2e^{-3t} \\ 2-2e^{-3t} & 1-e^{-3t} & 2+3e^{-3t} \end{pmatrix}.$$

解

$$q_{01} = p'_{01}(0) = \frac{1}{5}\frac{d(1-e^{-3t})}{dt}\Big|_{t=0} = \frac{3}{5},$$

$$q_{02} = p'_{02}(0) = \frac{1}{5}\frac{d(2-2e^{-3t})}{dt}\Big|_{t=0} = \frac{6}{5},$$

$$q_{00} = q_{01} + q_{02} = -\frac{9}{5}.$$

同理可得

$$q_{10} = \frac{6}{5}, \ q_{12} = \frac{6}{5}, \ q_{11} = q_{10} + q_{12} = -\frac{12}{5},$$

$$q_{20} = \frac{6}{5}, \ q_{21} = \frac{3}{5}, \ q_{22} = q_{20} + q_{21} = -\frac{9}{5},$$

综上可得

$$Q = \begin{pmatrix} -\dfrac{9}{5} & \dfrac{3}{5} & \dfrac{6}{5} \\[2mm] \dfrac{6}{5} & -\dfrac{12}{5} & \dfrac{6}{5} \\[2mm] \dfrac{6}{5} & \dfrac{3}{5} & -\dfrac{9}{5} \end{pmatrix}.$$

14. 假设 $\{N(t),t\geq 0\}$ 是强度为 λ 的齐次 Poisson 过程,其状态空间为 $S=\{0,1,2,\cdots\}$. 证明

$$\sum_{j=i+2}^{\infty} p_{i,j} = o(t).$$

证明 Poisson 过程的时间间隔服从参数为 λ 的指数分布,从而经过时间 t 之后,Poisson 过程从状态 i 转到状态 j 的概率为

$$p_{i,j}(t) = P[N(t+s) = j | N(s) = i],$$

从而

$$\sum_{j=i+2}^{\infty} p_{i,j} = \sum_{j=i+2}^{\infty} P[N(t+s) = j | N(s) = i].$$

因为 Poisson 过程 $\{N(t),t\geq 0\}$ 是独立增量过程,所以

$$\sum_{j=i+2}^{\infty} p_{i,j}(t) = \sum_{j=i+2}^{\infty} P\big[N(t+s)=j\,|\,N(s)=i\big]$$

$$= \sum_{j=i+2}^{\infty} P\big[N(t+s)-N(s)=j-i\,|\,N(s)=i\big]$$

$$= \sum_{j=i+2}^{\infty} P\big[N(t+s)-N(s)=j-i\big].$$

由于 Poisson 过程 $\{N(t),t\geqslant 0\}$ 还是平稳增量过程,所以

$$\sum_{j=i+2}^{\infty} p_{i,j}(t) = \sum_{j=i+2}^{\infty} P\big[N(t)=j-i\big] = P\big[N(t)\geqslant 2\big],$$

由 Poisson 过程的性质,Poisson 过程描述事件发生两次和两次以上的概率为

$$\sum_{j=i+2}^{\infty} p_{i,j} = 1 - e^{-\lambda t} - \lambda t e^{-\lambda t} = o(t).$$

15. 设随机过程 $\{Y(n),n\geqslant 0\}$ 的状态空间为 E, Y_n 满足条件:

(1) $Y(n)=f(Y(n-1),X(n))$, $n\geqslant 1$, 其中,$f:E\times E\to E$, 且 $X(n)$ 取值在 E 上;

(2) $\{X(n),n\geqslant 1\}$ 是独立同分布随机序列,且 $Y(0)$ 与 $\{X(n),n\geqslant 1\}$ 也相互独立.

试证明 $\{Y(n),n\geqslant 0\}$ 是 Markov 过程.

证明　由题设,对于 $n\geqslant 1$, $X(n)$ 与 $Y(0),Y(1),\cdots,Y(n-1)$ 均独立, 故有

$$P\big[Y(n)\leqslant y\,|\,Y(n-1)=y_{n-1},\cdots,Y(1)=y_1,Y(0)=y_0\big]$$
$$= P\big[f(Y(n-1)+X(n))\leqslant y\,|\,Y(n-1)=y_{n-1},\cdots,Y(1)=y_1,Y(0)=y_0\big]$$
$$= P\big[f(y_{n-1}+X(n))\leqslant y\,|\,Y(n-1)=y_{n-1},\cdots,Y(1)=y_1,Y(0)=y_0\big]$$
$$= P\big[f(y_{n-1}+X(n))\leqslant y\big],$$

而

$$P\big[Y(n)\leqslant y\,|\,Y(n-1)=y_{n-1}\big] = P\big[f(y_{n-1}+X(n))\leqslant y\big],$$

故

$$P\big[Y(n)\leqslant y\,|\,Y(n-1)=y_{n-1},\cdots,Y(1)=y_1,Y(0)=y_0\big]$$
$$= P\big[Y(n)\leqslant y\,|\,Y(n-1)=y_{n-1}\big].$$

即 $\{Y(n),n\geqslant 0\}$ 满足 Markov 性,是 Markov 过程.

16. 设某车间有 M 台车床,由于各种原因车床时而工作,时而停止,假设在时刻 t,一台正在工作的车床,在时刻 $t+h$ 停止工作的概率为 $\mu h+o(h)$,而在时刻 t 不工作的车床,在时刻 $t+h$ 开始工作的概率为 $\lambda h+o(h)$,且各车床工作的情况是

相互独立的. 若 $N(t)$ 表示时刻 t 正在工作的车床数,求:

(1)齐次 Markov 过程 $\{N(t), t \geq 0\}$ 的平稳分布;

(2)若 $M = 10, \lambda = 60, \mu = 30$, 系统处于平稳状态时有一半以上的车床在工作的概率.

解 (1)由题意知 $N(t)$ 是连续时间的 Markov 链, 其状态空间 $I = \{0,1,2,\cdots, M\}$. 设时刻 t 有 i 台车床工作, 则在 $(t, t+h]$ 内又有 1 台车床开始工作, 则在不计高阶无穷小时, 它应等于原来停止工作的 $M - i$ 台车床中, 在 $(t, t+h]$ 内恰有 1 台开始工作. 于是

$$p_{i,i+1}(h) = (M-i)\lambda h + o(h), \quad i = 0,1,2,\cdots,M-1.$$

类似地

$$p_{i,i-1}(h) = i\mu h + o(h), \quad i = 0,1,2,\cdots,M,$$

$$p_{ij}(h) = o(h), \quad |i-j| \geq 2,$$

显然 $\{N(t), t \geq 0\}$ 是生灭过程, 其中,

$$\lambda_i = (M-i)\lambda h, \quad i = 0,1,2,\cdots,M-1,$$

$$\mu_i = i\mu h, \quad i = 1,2,\cdots,M.$$

从而它的平稳分布为

$$\pi_0 = \left(1 + \frac{\lambda}{\mu}\right)^{-M} = \left(\frac{\mu}{\lambda+\mu}\right)^M,$$

$$\pi_j = C_M^j \left(\frac{\lambda}{\mu}\right)^j \pi_0 = C_M^j \left(\frac{\lambda}{\lambda+\mu}\right)^j \left(\frac{\mu}{\lambda+\mu}\right)^{M-j}, \quad j = 1,2,\cdots,M.$$

(2)

$$P[N(t) > 5] = \sum_{j=6}^{10} \pi_j = \sum_{j=6}^{10} C_{10}^j \left(\frac{60}{90}\right)^j \left(\frac{30}{90}\right)^{10-j} = 0.780\,9.$$

17. 一条电路供 m 个焊工用电,每个焊工均是间断用电,现在假设:

(1)若一个焊工在 t 时用电, 而在 $(t, t+\Delta t)$ 内停止用电的概率为 $\mu \Delta t + o(\Delta t)$;

(2)若一个焊工在 t 时没有用电, 而在 $(t, t+\Delta t)$ 内用电的概率为 $\lambda \Delta t + o(\Delta t)$.

每个焊工的工作状况是相互独立的, 设 $X(t)$ 表示在 t 时正在用电的焊工数.

(1)求该过程的状态空间和 $\boldsymbol{Q}$ 矩阵;

(2)设 $X(0) = 0$, 求绝对概率 $p_j(t)$ 满足的微分方程;

(3)当 $t \to \infty$ 时, 求极限分布 p_j.

解 由题意得 $\{X(t), t \geq 0\}$ 是时间连续的 Markov 链, 其状态空间 $I = \{0, 1,$

$\cdots, m\}$,则

$$\boldsymbol{Q} = \begin{pmatrix} -m\lambda & m\lambda & 0 & \cdots & 0 & 0 \\ m\mu & -m(\lambda+\mu) & m\lambda & \cdots & 0 & 0 \\ \vdots & \vdots & \vdots & & \vdots & \vdots \\ 0 & 0 & 0 & \cdots & m\mu & -m\mu \end{pmatrix}.$$

(2)由定理 5.2.3 可知绝对概率满足 Kolmogorov 方程

$$\begin{cases} p_0'(t) = -m\lambda p_0(t) + m\mu p_1(t), \\ p_j'(t) = m\lambda p_{j-1}(t) - m(\lambda+\mu)p_j(t) + m\mu p_{j+1}(t), \\ p_m'(t) = m\lambda p_{m-1}(t) - m\mu p_m(t), \\ p_0'(0) = 0, \quad 0 < j < m. \end{cases}$$

(3)由于 $\lim\limits_{t\to\infty} p_{ij} = p_j$(常数),故由(2)可解出 $p_j, j = 0,1,2,\cdots,m$.

18. 设 $[0,t]$ 内到达的顾客数服从 Poisson 分布,参数为 λt. 设有单个服务员,服务时间为指数分布的排队系统($M/M/1$),平均服务时间为 $1/\mu$. 试证明:

(1)在服务员的服务时间内到达的顾客的平均数为 λ/μ;

(2)在服务员的服务时间内无顾客到达的概率为 $\mu/(\lambda+\mu)$.

解 设服务员的服务时间为 T,则由题意可得 T 服从指数分布,其概率密度为

$$f(t) = \begin{cases} \mu e^{-\mu t}, & t > 0, \\ 0, & t \leqslant 0. \end{cases}$$

记在 $[0,t]$ 内到达的顾客数为 $X(t)$,则

$$P[X(t) = n] = \frac{(\lambda t)^n}{n!} e^{-\lambda t}, \quad n = 0,1,2,\cdots.$$

(1))在服务员的服务时间内到达的顾客的平均数为

$$E\{E[X(t)\mid T = t]\} = \int_0^\infty \left[\sum_{n=0}^\infty n \frac{(\lambda t)^n}{n!} e^{-\lambda t} \right] \mu e^{-\mu t} \mathrm{d}t$$

$$= \int_0^\infty \lambda t \cdot \mu e^{-\mu t} \mathrm{d}t = \frac{\lambda}{\mu}.$$

(2)在服务员的服务时间内无顾客到达的概率为

$$p_0 = \int_0^\infty e^{-\lambda t} \cdot \mu e^{-\mu t} \mathrm{d}t = \int_0^\infty \mu e^{-(\mu+\lambda)t} \mathrm{d}t = \frac{\mu}{\mu+\lambda}.$$

19. 在生灭过程 $X = \{X_t : t \geqslant 0\}$ 中,如果 $\lambda_i = \lambda i + a$, $\mu_i = \mu i(\lambda > 0, \mu > 0, a > 0)$,则 X 可用来描述某群体的有迁入的线性增长现象,其中,X_t 表示群体的个体总数,λi 和 a 分别表示 $X_i = i$ 时,该群体的自然增长率和有迁入的增长水平,μi 表示群

体在 $X_i = i$ 时的自然消亡率. 试计算在任意时刻 t 该群体所包含个体的平均数.

解 设 $X_i = i$, 则在时刻 t 该群体所包含个体的平均数为

$$M(t) \stackrel{\mathrm{def}}{=} E(X_t) = \sum_{j=1}^{\infty} j p_{ij}(t).$$

利用 Kolmogorov 向前方程可得

$$p'_{i0}(t) = -a p_{i0}(t) + \mu p_{i1}(t),$$

$$p'_{ij}(t) = [\lambda(j-1) + a] p_{ij-1}(t) - [(\lambda+\mu)j + a] p_{ij}(t) + \mu(j+1) p_{ij+1}(t), \quad j \geq 1.$$

上式两边同乘以 j 再对 j 求和, 得到关于 $M(t)$ 的微分方程组

$$\begin{cases} M'(t) = a + (\lambda - \mu) M(t); \\ M(0) = i. \end{cases}$$

解上述方程得到

$$M(t) = \begin{cases} at + i, & \lambda = \mu, \\ \dfrac{a}{\lambda - \mu} [e^{(\lambda-\mu)t} - 1] + i e^{(\lambda-\mu)t}, & \lambda \neq \mu. \end{cases}$$

进而有

$$\lim_{t\to\infty} M(t) = \begin{cases} \infty, & \lambda \geq \mu, \\ \dfrac{a}{\mu - \lambda}, & \lambda < \mu. \end{cases}$$

20. 一个教授开始办公时, 学生 A, B, C 到达其办公室, 他们待在办公室的时间服从均值分别为 $1, 1/2, 1/3$ 小时的指数分布, 即速率分别为 $1, 2, 3$, 到三位学生都离开办公室的期望时间为多少?

解 如果我们用学生的离开速率来描述 Markov 链的状态, $\varnothing$ 表示办公室为空, 则

$$\boldsymbol{Q} = \begin{array}{c} \\ 123 \\ 12 \\ 13 \\ 23 \\ 1 \\ 2 \\ 3 \end{array} \begin{array}{c} \begin{array}{cccccccc} 123 & 12 & 13 & 23 & 1 & 2 & 3 & \varnothing \end{array} \\ \left(\begin{array}{cccccccc} -6 & 3 & 2 & 1 & 0 & 0 & 0 & 0 \\ 0 & -3 & 0 & 0 & 2 & 1 & 0 & 0 \\ 0 & 0 & -4 & 0 & 3 & 0 & 1 & 0 \\ 0 & 0 & 0 & -5 & 0 & 3 & 2 & 0 \\ 0 & 0 & 0 & 0 & -1 & 0 & 0 & 1 \\ 0 & 0 & 0 & 0 & 0 & -2 & 0 & 2 \\ 0 & 0 & 0 & 0 & 0 & 0 & -3 & 3 \end{array} \right) \end{array},$$

令 $\boldsymbol{R}$ 表示将上述矩阵的最后一列删掉后的矩阵, 则 $-\boldsymbol{R}^{-1}$ 的第一行为

106

$$1/6 \quad 1/6 \quad 1/12 \quad 1/30 \quad 7/12 \quad 2/15 \quad 1/20$$

和是 73/60，或者说是 1 小时零 13 分.

第一项为直到第 1 位学生离开的时间 1/6 小时，接下来三项为

$$\frac{1}{2} \times \frac{1}{3} \quad \frac{1}{3} \times \frac{1}{4} \quad \frac{1}{6} \times \frac{1}{5}$$

它们是我们访问该状态的概率乘以停留在该状态上的时间. 类似地，最后三项为

$$\frac{35}{60} \times 1 \quad \frac{16}{60} \times \frac{1}{2} \quad \frac{9}{60} \times \frac{1}{3}$$

同样还是表示我们访问该状态的概率乘以停留在该状态上的时间.

Chapter 6　随机分析

6.1　内容提要

1. 二阶矩过程

设 $\{X(t),t\in T\}$ 是一个随机过程,若对任意 $t\in T$,$X(t)$ 的均值 $m_X(t)$ 和方差 $D_X(t)$ 都存在,则称 $\{X(t),t\in T\}$ 为二阶矩过程.

以下都假设所涉及随机过程为二阶矩过程,且 $m_X(t)=0$. 并记 $\mathbb{H}$ 为定义在概率空间 $(\Omega,\mathscr{F},P)$ 上的具有二阶矩随机变量的全体.

2. 均方极限

①$\mathbb{H}$ 是线性空间.

②$\mathbb{H}$ 也是内积空间,定义其内积为 $(X,Y)=E(XY)$,其中,$X,Y\in\mathbb{H}$.

③$\mathbb{H}$ 是赋范线性空间,其范数可由内积导出：$\|X\|=\sqrt{(X,X)}=\sqrt{E(X^2)}$.

④$\mathbb{H}$ 是距离空间. 根据范数定义又可以定义距离 $d(X,Y)=\|X-Y\|$.

⑤若 $X,X_n\in\mathbb{H}$,$n\geqslant 1$,满足 $\lim\limits_{n\to\infty}d(X_n,X)=0$,则称 X_n 均方收敛于 X,或称 X 是 X_n 的均方极限,记为

$$\mathop{\mathrm{l.\,i.\,m}}\limits_{n\to\infty} X_n = X.$$

利用均方极限可以考虑 Cauchy 列,从而可知 $\mathbb{H}$ 具有完备性. 即 $\mathbb{H}$ 是完备的赋范线性空间,是 Banach 空间；$\mathbb{H}$ 又是完备的内积空间,是 Hilbert 空间.

3. 均方极限的性质

设 $\mathop{\mathrm{l.\,i.\,m}}\limits_{n\to\infty} X_n = X$, $\mathop{\mathrm{l.\,i.\,m}}\limits_{n\to\infty} Y_n = Y$,$\alpha,\beta$ 为任意常数,则

①$\mathop{\mathrm{l.\,i.\,m}}\limits_{n\to\infty}(\alpha X_n+\beta Y_n)=\alpha X+\beta Y$；

②$\lim\limits_{n\to\infty}E(X_n)=E(X)$；

③$\lim\limits_{n\to\infty}E(|X_n|^2)=E(X^2)$；

④$\lim\limits_{n,m\to\infty}(X_m,Y_n)=(X,Y)$.

4. 均方连续性

1）均方连续

二阶矩过程$\{X(t),t\in T\}$称为均方连续，如果有

$$\mathop{\text{l.i.m}}\limits_{t\to t_0}X(t)=X(t_0)\quad\text{或者}\quad\lim\limits_{t\to t_0}\|X(t)-X(t_0)\|=0,$$

如果$X(t)$对T中的一切t都均方连续，则称$\{X(t),t\in T\}$在T上均方连续.

2）均方连续准则

设$R(s,t)$为过程$\{X(t),t\in T\}$的自相关函数，则：

①$\{X(t),t\in T\}$在t_0均方连续$\Leftrightarrow R(s,t)$在(t_0,t_0)处连续；

②$\{X(t),t\in T\}$在T上均方连续$\Leftrightarrow R(s,t)$在$\{(t,t),t\in T\}$上二元连续；

③$R(s,t)$在$\{(t,t),t\in T\}$上连续，则它在$T\times T$上连续.

5. 均方导数

1）均方导数定义

二阶矩过程$\{X(t),t\in T\}$称为在$t_0\in T$均方可微，如果

$$\mathop{\text{l.i.m}}\limits_{h\to0}\frac{X(t_0+h)-X(t_0)}{h}$$

存在. 此极限记作$X'(t_0)$或$\dfrac{\mathrm{d}X(t_0)}{\mathrm{d}t}$，称为$X(t)$在$t_0$处的均方导数或均方微商. 若二阶矩过程$\{X(t),t\in T\}$在$T$中每一点均方可微，则称二阶矩过程$\{X(t),t\in T\}$在$T$上均方可微.

2）广义二阶导数

若二元函数$f(s,t)$满足

$$\lim\limits_{\substack{h\to0\\h'\to0}}\frac{f(s+h,t+h')-f(s+h,t)-f(s,t+h')+f(s,t)}{h\cdot h'},$$

则称函数$f(s,t)$在(s,t)处广义二次可微，其极限称为$f(s,t)$在(s,t)的广义二阶导数.

3）均方可微准则

①$\{X(t),t\in T\}$在t_0均方可微$\Leftrightarrow R(s,t)$在(t_0,t_0)处广义二次可微.

②$\{X(t),t\in T\}$ 在 T 上均方可微 $\Leftrightarrow R(s,t)$ 在一切 $\{(t,t),t\in T\}$ 上广义二次可微.

6. 均方积分

1) 均方积分定义

若 $\{X(t),t\in T\}$ 是二阶矩过程, $f(t)$ 是普通函数, 考虑 $T=[a,b]$ 的一组分点: $a=t_0<t_1<\cdots<t_n=b$, 并记 $\Delta_n=\max\limits_{1\leqslant k\leqslant n}\{t_k-t_{k-1}\}$. 作和式

$$Y_n=\sum_{k=1}^{n}f(u_k)X(u_k)(t_k-t_{k-1}),$$

其中, $u_k\in[t_{k-1},t_k]$, $k=1,2,\cdots,n$. 若当 $\Delta_n\to0$ 时, Y_n 均方收敛, 且极限与 $[a,b]$ 的分法及 u_k 的取法无关, 则称 $f(t)X(t)$ 在 $[a,b]$ 上均方可积, 极限是 $f(t)X(t)$ 在 $[a,b]$ 上的均方积分, 记为

$$\int_a^b f(t)X(t)\,\mathrm{d}t.$$

2) 均方可积充要条件

$f(t)X(t)$ 在 $[a,b]$ 上均方可积的充分必要条件是二重积分

$$\int_a^b\int_a^b f(s)\overline{f(t)}R(s,t)\,\mathrm{d}s\mathrm{d}t$$

存在.

3) 均方积分的性质

若 $f(t)X(t)$ 在 $[a,b]$ 上均方可积, 则有

① $E\left[\int_a^b f(t)X(t)\,\mathrm{d}t\right]=\int_a^b f(t)E[X(t)]\,\mathrm{d}t$;

② $E\left[\left(\int_a^b f(s)X(s)\,\mathrm{d}s\right)\overline{\left(\int_a^b f(t)X(t)\,\mathrm{d}t\right)}\right]=\int_a^b\int_a^b f(s)\overline{f(t)}R(s,t)\,\mathrm{d}s\mathrm{d}t.$

7. Itô 随机积分及 Itô 微分法则

Itô 积分记为

$$(\mathrm{I})\int_a^b X(t)\,\mathrm{d}W(t)$$

其中, $\{X(t),t\in[a,b]\}$ 为二阶矩过程, $W(t)$ 是标准 Brown 运动.

其定义类似于 Riemann 积分, 但意义完全不同, 过程取值仅取左端点. 即针对标准 Brown 运动, 满足

$$R(s,t) = \min(s,t)$$
$$\mathrm{Var}[W(t) - W(s)] = |t - s|$$

对$[a,b]$的一组分点：

$$a = t_0 < t_1 < t_2 < \cdots < t_n = b$$

令$\Delta_n = \max_{1 \le k \le n}\{t_k - t_{k-1}\}$. 作和式

$$I_n = \sum_{k=1}^{n} X(t_{k-1})[W(t_k) - W(t_{k-1})]$$

$$(\mathrm{I})\int_a^b X(t)\,dW(t) = \mathop{\mathrm{l.i.m.}}_{\Delta_n \to 0} I_n$$

①设$X(t)$均方连续,且对任意的$S_1', S_2' \le t_{k-1} < t_k$及$S_1 < S_2 \le t_{k-1}$. $(X(S_1'), X(S_2'), W(S_2) - W(S_1))$与$W(t_k) - W(t_{k-1})$相互独立,则$X(t)$关于$W(t)$的 Itô 积分存在且唯一.

②设 Itô 积分$\int_a^b X(t)\,\mathrm{d}W(t)$与$\int_a^b Y(t)\,\mathrm{d}W(t)$都存在,则

(a)对任意常数α, β有

$$\int_a^b [\alpha X(t) + \beta Y(t)]\,\mathrm{d}W(t) = \alpha\int_a^b X(t)\,\mathrm{d}W(t) + \beta\int_a^b Y(t)\,\mathrm{d}W(t)$$

(b)当$a \le c \le b$时,有

$$\int_a^b X(t)\,\mathrm{d}W(t) = \int_a^c X(t)\,\mathrm{d}W(t) + \int_c^b X(t)\,\mathrm{d}W(t).$$

③若 Itô 积分$\int_a^b X(t)\,\mathrm{d}W(t)$存在,则

$$Y(t) = \int_a^t X(s)\,\mathrm{d}W(s),\quad a \le t \le b$$

存在且关于t是均方连续的.

④公式。设$f(t,x)$是定义在$T \times \mathbb{R}$上的连续函数,且存在右连续的偏导数$\dfrac{\partial f}{\partial t}$, $\dfrac{\partial f}{\partial x}, \dfrac{\partial^2 f}{\partial x^2}$, $X(t)$的随机微分是

$$\mathrm{d}X(t) = A(t)\,\mathrm{d}t + B(t)\,\mathrm{d}W(t).$$

则$Y(t) = f(t, X(t))$的随机微分为

$$\mathrm{d}Y(t) = \left[\frac{\partial f(t, X(t))}{\partial t} + \frac{\partial f(t, X(t))}{\partial x}A(t) + \frac{1}{2}\frac{\partial^2 f(t, X(t))}{\partial x^2}B^2(t)\right]\mathrm{d}t$$
$$+ \frac{\partial f(t, X(t))}{\partial x}B(t)\,\mathrm{d}W(t).$$

8. 随机常微分方程

对随机常微分方程组

$$\begin{cases} \dfrac{\mathrm{d}X(t)}{\mathrm{d}t} = f(t, X(t)), \\ X(t_0) = X_0. \end{cases}$$

其中，
$$X(t) = (X_1(t), X_2(t), \cdots, X_n(t)),$$
$$f = (f_1, \cdots, f_n),$$
$$X_0 = (X_1(t_0), X_2(t_0), \cdots, X_n(t_0)).$$

$X(t)$ 是上述随机常微分方程组的一个均方解的充分必要条件是

$$X(t) = X(0) + \int_{t_0}^{t} f(t, X(t)) \mathrm{d}t, t \in T.$$

9. Itô 随机微分方程

设 $\{W(t), t \in T\}$ 是标准 Brown 运动，则

$$\begin{cases} \mathrm{d}X(t) = f(t, X(t)) + g(t, X(t)) \mathrm{d}W(t), \\ X(t_0) = X_0 \end{cases}$$

称为 Itô 随机微分方程.

其解为

$$X(t) = X_0 + \int_{t_0}^{t} f(S, X(s)) \mathrm{d}S + \int_{t_0}^{t} g(S, X(s)) \mathrm{d}W(t).$$

6.2 习题解答

1. 设 $\{X_n\}$ 是一随机变量序列，X 是随机变量，若 $\forall \varepsilon > 0$，当 $n \to \infty$ 时，X_n 满足

$$P(|X_n - X| > \varepsilon) \to 0,$$

则称 X_n 依概率收敛于 X. 证明如果 $\underset{n \to \infty}{\mathrm{l. i. m}} X_n = X$，则有 X_n 依概率收敛于 X.

证明 $\underset{n \to \infty}{\mathrm{l. i. m}} X_n = X$，则有 $\underset{n \to \infty}{\lim} E(|X_n - X|^2) = 0$. 对 $\forall \varepsilon > 0$，由 Chebyshev 不等式

$$P[|X_n - X| > \varepsilon] \leqslant \frac{E(|X_n - X|^2)}{\varepsilon^2},$$

得到当 $n \to \infty$ 时，

$$P\big[\,|X_n - X| > \varepsilon\,\big] \to 0.$$

2. 设 $\{X_n\}$ 是独立同分布随机变量序列,$E(X_i) = \mu$,$\mathrm{Var}(X_i) = \sigma^2$,令 $S_n = \dfrac{1}{n}\sum_{k=1}^{n} X_k$. 试证明:$\underset{n\to\infty}{\mathrm{l.i.m}}\, S_n = \mu$(此题称为均方极限下的大数定律).

证明 由独立同分布性可得

$$E(|S_n - \mu|^2) = E\left\{\frac{\big[\sum_{k=1}^{n}(X_k - \mu)\big]^2}{n^2}\right\} = \frac{1}{n^2}E\Big[\sum_{k=1}^{n}(X_k-\mu)^2 + \sum_{i\neq j}(X_i-\mu)(X_j-\mu)\Big]$$

$$= \frac{1}{n^2}\sum_{k=1}^{n}\mathrm{Var}(X_k) = \frac{\sigma^2}{n} \to 0, \quad n\to\infty.$$

3. 设 $\{X_n, n=1,2,\cdots\} \subset \mathbb{H}$,$X \in \mathbb{H}$,且 $\underset{n\to\infty}{\mathrm{l.i.m}}\, X_n = X$,$f(u)$ 是一个满足 Lipschitz 条件的确定函数,即存在常数 $M>0$,

$$|f(u) - f(v)| \leq M|u - v|.$$

又设 $\{f(X_n), n=1,2,\cdots\} \subset \mathbb{H}$,$f(X) \in \mathbb{H}$,证明:$\underset{n\to\infty}{\mathrm{l.i.m}}\, f(X_n) = f(X)$.

证明 由于 f 满足 Lipschitz 条件

$$E\big[\,|f(X_n) - f(X)|^2\,\big] \leq M^2 E(|X_n - X|^2),$$

且

$$E(|X_n - X|^2) \to 0, \quad \text{当 } n\to\infty \text{ 时}.$$

由迫敛准则,

$$\lim_{n\to\infty} E\big[\,|f(X_n) - f(X)|^2\,\big] = 0.$$

4. 当 $\underset{n\to\infty}{\mathrm{l.i.m}}\, X_n = X$,则 X_n 的特征函数收敛于 X 的特征函数.

证明 固定 $t \in \mathbb{R}$,首先证明 $f(x) = e^{itx}, x \in \mathbb{R}$ 是 Lipschitz 函数,有

$$|f(x) - f(y)| = |e^{itx}(1 - e^{it(y-x)})| \leq |e^{it(y-x)} - 1| \leq |t| \cdot |x - y|,$$

因此由上一题,可知 $\underset{n\to}{\lim} E\big[\,|f(X_n) - f(X)|^2\,\big] = E(|e^{itX_n} - e^{itX}|^2) = 0$.

所以

$$|\phi_{X_n}(t) - \phi_X(t)| = |E(e^{itX_n} - e^{itX})| \leq E(|e^{itX_n} - e^{itX}|)$$

$$\leq \sqrt{E(|e^{itX_n} - e^{itX}|^2)} \to 0, \quad n\to\infty.$$

5. 证明 n 维实正态随机变量序列的均方极限仍然是正态随机变量.

证明 令 $\boldsymbol{X}^{(m)} = (X_1^{(m)}, \cdots, X_n^{(m)})$ 为正态随机向量,且 $\underset{m\to\infty}{\mathrm{l.i.m}}\, \boldsymbol{X}^{(m)} = \boldsymbol{X}$,即 $\underset{m\to\infty}{\mathrm{l.i.m}}\, X_k^{(m)} = X_k, k=1,2,\cdots,n$.

$\boldsymbol{X}^{(m)}$ 和 $\boldsymbol{X}$ 的均值向量和协方差阵分别是

$$\boldsymbol{\mu}^{(m)} = (\mu_1^{(m)}, \cdots, \mu_n^{(m)})^{\mathrm{T}}, \boldsymbol{\Sigma}^{(m)} = (\sigma_{ij}^{(m)}),$$

和

$$\boldsymbol{\mu} = (\mu_1, \cdots, \mu_n)^{\mathrm{T}}, \boldsymbol{\Sigma} = (\sigma_{ij}).$$

由 $\underset{m \to \infty}{\mathrm{l.i.m}} X_k^{(m)} = X_k, k = 1, 2, \cdots, n,$

$$\lim_{m \to \infty} \mu_k^{(m)} = \mu_k, \quad \lim_{m \to \infty} \sigma_{ij}^{(m)} = \sigma_{ij}.$$

令 $\psi_m(\boldsymbol{x}) = \mathrm{e}^{\mathrm{i}\boldsymbol{x}^{\mathrm{T}}\boldsymbol{\mu}^m - \frac{1}{2}\boldsymbol{x}^{\mathrm{T}}\boldsymbol{\Sigma}^{(m)}\boldsymbol{x}}$ 为 $\boldsymbol{X}^{(m)}$ 的特征函数,有

$$\lim_{m \to \infty} \psi_m(\boldsymbol{x}) = \mathrm{e}^{\mathrm{i}\boldsymbol{x}^{\mathrm{T}}\boldsymbol{\mu} - \frac{1}{2}\boldsymbol{x}^{\mathrm{T}}\boldsymbol{\Sigma}\boldsymbol{x}}.$$

因为由已知得,$\boldsymbol{X}^{(m)}$ 的特征函数一定收敛于 $\boldsymbol{X}$ 的特征函数,因此 $\boldsymbol{X}$ 的特征函数就是 $\mathrm{e}^{\mathrm{i}\boldsymbol{x}^{\mathrm{T}}\boldsymbol{\mu} - \frac{1}{2}\boldsymbol{x}^{\mathrm{T}}\boldsymbol{\Sigma}\boldsymbol{x}}$. 可得 $\boldsymbol{X}$ 为正态随机向量.

6. 设 $X(t) = At^2 + Bt + C$,其中,A, B, C 是相互独立同分布的标准正态随机变量. 试讨论随机过程 $\{X(t), t \in \mathbb{R}\}$ 在区间 $[a, b]$ 的均方连续性、均方可积性和均方可导性.

证明 (1)

$$\begin{aligned}
R(s, t) = E[X(s)X(t)] &= E[(As^2 + Bs + C)(At^2 + Bt + C)] \\
&= E(A^2)s^2t^2 + E(B^2)st + E(C^2) = s^2t^2 + st + 1,
\end{aligned}$$

$R(s, t)$ 为二元连续函数,因此 $\{X(t), t \in \mathbb{R}\}$ 具备均方连续性.

(2)固定 $t > 0$,

$$E\left[\left| \frac{X(t+h) - X(t)}{h} - (2At + B) \right|^2 \right] = E(|Ah|^2) = h^2 \to 0, \quad \text{当 } h \to 0 \text{ 时},$$

因此 $\underset{h \to 0}{\mathrm{l.i.m}} \dfrac{X(t+h) - X(t)}{h} = 2At + B$, $X'(t) = 2At + B$.

(3)$R(s, t)$ 为二元连续函数,$\displaystyle\int_a^b X(t)\mathrm{d}t$ 存在,即均方可积.

7. 设 $X(t) = \mathrm{e}^{tX}$, $t \in (0, \dfrac{\lambda}{2})$,$\lambda > 0$,其中,$X$ 服从参数为 λ 的指数分布,证明 $X'(t) = X\mathrm{e}^{tX}$.

证明 首先,对于变量 $s \in (0, \lambda)$,有

$$\phi(s) = E(\mathrm{e}^{sX}) = \lambda \int_0^\infty \mathrm{e}^{sx} \mathrm{e}^{-\lambda x} \mathrm{d}x = \frac{\lambda}{\lambda - s},$$

对 ϕ 求一阶、二阶导数,得到结论

$$\phi'(s) = E(X\mathrm{e}^{sX}) = \frac{\lambda}{(\lambda - s)^2}, \quad \phi''(s) = E(X^2\mathrm{e}^{sX}) = \frac{2\lambda}{(\lambda - s)^3}.$$

固定 $t \in (0, \frac{\lambda}{2})$,当 h 充分小时,使得 $2t + 2h < \lambda, 2t < \lambda, 2t + h < \lambda$,则

$$E\big[\,|\frac{X(t+h) - X(t)}{h} - Xe^{tX}|^2\,\big]$$

$$= E\Big\{\frac{1}{h^2}\big[e^{(t+h)X} - e^{tX} - hXe^{tX}\big]^2\Big\}$$

$$= E\Big\{\frac{1}{h^2}\big[e^{2(t+h)X} + e^{2tX} + h^2 X^2 e^{2tX} - 2e^{(2t+h)X} - 2hXe^{(2t+h)X} + 2hXe^{2tX}\big]\Big\}$$

$$= \frac{\lambda}{h^2}\Big(\frac{1}{\lambda - 2t - 2h} + \frac{1}{\lambda - 2t} - \frac{2}{\lambda - 2t - h}\Big) + \frac{2\lambda}{(\lambda - 2t)^3}$$

$$\quad - \frac{2\lambda}{h}\Big[\frac{1}{(\lambda - 2t - h)^2} - \frac{1}{(\lambda - 2t)^2}\Big]$$

$$= \frac{2\lambda}{(\lambda - 2t - h)(\lambda - 2t)(\lambda - 2t - h)} + \frac{2\lambda}{(\lambda - 2t)^3} + - \frac{4\lambda(\lambda - 2t - h)}{(\lambda - 2t - h)^2(\lambda - 2t)^2}$$

$\to 0$, $h \to 0$.

8. 若平稳过程 $\{X(t), t \in T\}$ 是均方可微的,证明 $\{X'(t), t \in T\}$ 也是平稳过程,且有

$$E[X'(t)] = 0,$$
$$R_{X'}(\tau) = -R_X''(\tau).$$

证明 设 $X(t)$ 的均值函数为 $E[X(t)] = m_X$(常数),一元自相关函数为 $R_X(\tau)$,则

$$E[X'(t)] = \{E[X(t)]\}' = 0,$$

$X(t)$ 的二元自相关函数为 $R(s,t) = R_X(s-t)$,是由 $R_X(\tau), \tau = s-t$ 复合而成,所以

$$E[X'(s)\overline{X(t)}] = \frac{\partial R(s,t)}{\partial s} = R_X'(s-t) \cdot (s-t)_s' = R_X'(s-t),$$

$$E[X'(s)\overline{X'(t)}] = \frac{\partial^2 R(s,t)}{\partial s \partial t} = R_X''(s-t) \cdot (s-t)_t' = -R_X''(s-t),$$

因此 $\{X'(t), t \in T\}$ 也是平稳过程,并且有

$$R_{X'}(\tau) = E[X'(s)\overline{X'(s-\tau)}] = -R_X''(\tau).$$

9. 设 $\{N(t), t \geq 0\}$ 是强度为 λ 的 Poisson 过程,

(1) 证明 $\int_0^t N(s)\mathrm{d}s$ 存在;

(2) 设 $M(t) = \frac{1}{t}\int_0^t N(s)\mathrm{d}s$,求 $\{M(t), t \geq 0\}$ 的均值函数和方差函数.

解 (1)由于

$$R(s,t) = E[N(s)N(t)] = \lambda\min\{s,t\} + \lambda^2 st,$$

是二元连续函数,故 $N(t)$ 均方可积.

$$(2)E[M(t)] = \frac{1}{t}\int_0^t E[N(s)]\mathrm{d}s = \frac{\lambda}{t}\int_0^t s\mathrm{d}s = \frac{\lambda t}{2},$$

$$E[M(t)^2] = \frac{1}{t^2}\int_0^t\int_0^t E[N(u)N(s)]\mathrm{d}s\mathrm{d}u$$

$$= \frac{1}{t^2}\int_0^t\int_0^t [\lambda\min\{s,u\} + \lambda^2 su]\mathrm{d}u\mathrm{d}s$$

$$= \frac{\lambda t}{3} + \frac{\lambda^2 t^2}{4},$$

因此 $D[M(t)] = \dfrac{\lambda t}{3}$.

10. 设 $\{W(t),t\geq 0\}$ 是参数为 σ^2 的 Wiener 过程,令 $X(t) = \dfrac{1}{t}\int_0^t W(s)\mathrm{d}s$,试求 $\{X(t),t\geq 0\}$ 的均值函数和协方差函数.

解 由于 Wiener 过程 $E[W(t)] = 0$,均值函数

$$E[X(t)] = \frac{1}{t}\int_0^t E[W(s)]\mathrm{d}s = 0,$$

设 $0 < s \leq t$,协方差函数

$$E\{[X(t)-E[X(t)]][X(s)-E[X(s)]]\} = E[X(s)X(t)]$$

$$= \frac{1}{ts}\int_0^t\int_0^s E[W(u)W(l)]\mathrm{d}u\mathrm{d}l = \frac{\sigma^2}{ts}\int_0^t\int_0^s \min\{u,l\}\mathrm{d}u\mathrm{d}l$$

$$= \frac{\sigma^2}{ts}\left(\int_0^s\int_0^s \min\{u,l\}\mathrm{d}u\mathrm{d}l + \int_0^s \mathrm{d}l\int_s^t l\mathrm{d}u\right) = \frac{\sigma^2}{ts}\left[\frac{s^3}{3} + \frac{s^2}{2}(t-s)\right]$$

$$= \frac{\sigma^2}{ts}\left(\frac{s^2}{2}t - \frac{s^3}{6}\right) = \frac{\sigma^2 s}{6t}(3t-s),$$

同理可求得,当 $0 < t \leq s$ 时,协方差函数

$$E\{[X(t)-E[X(t)]\cdot[X(s)-E[X(s)]]\} = \frac{\sigma^2 t}{6s}(3s-t).$$

总之

$$E\{[X(t)-E[X(t)]][X(s)-E[X(s)]]\} = \frac{\sigma^2\min(s,t)}{6\max(s,t)}[3\max(s,t)-\min(s,t)].$$

11. 设 $\{X(t),t\in[a,b]\}$ 是一个正态过程,若 $X(t)$ 在 $[a,b]$ 上均方可积.

（1）证明 $\int_a^b X(t)\,\mathrm{d}t$ 是正态随机变量；

（2）令 $Y(t)=\int_a^t X(s)\,\mathrm{d}s$，证明 $\{Y(t),t\in[a,b]\}$ 是正态随机过程.

证明　（1）$[a,b]$ 的一个分割 $t_0<t_1<\cdots<t_{n_1}<t_n$，$u_k\in(t_{k+1}-t_k)$，因为

$$\int_a^b X(t)\,\mathrm{d}t=\mathop{\mathrm{l.i.m}}_{\Delta_n\to 0}\sum_{k=0}^{n-1}X(u_k)(t_{k+1}-t_k),$$

因为 $\sum\limits_{k=0}^{n-1}X(u_k)(t_{k+1}-t_k)$ 是正态随机变量 $X(t_k)(k=0,\cdots,n)$ 的线性组合，也是正态随机变量. 因此 $\int_a^b X(t)\,\mathrm{d}t$ 也是正态随机变量.

（2）对于 $[a,b]$ 的一个分割 $a<=t_0<t_1<\cdots<t_{n-1}<t_n=b$，只需证明 $(Y(t_1),$ $\cdots,Y(t_n))$ 是正态随机向量. 对于 $[t_k,t_{k+1}]$ 的一个分割 $t_k=s_1^k<s_1^k<\cdots<s_{n_k}^k=t_{k+1}$，任取 $u_l^k\in(s_l^k,s_{l+1}^k)$，则有 $(\sum\limits_{l=0}^{n_0-1}f(u_l^1)(s_{l+1}^0-s_l^0),\cdots,\sum\limits_{k=0}^{n-1}\sum\limits_{l=0}^{n_l-1}f(u_l^k)(s_{l+1}^k-s_l^k))$，是一个 n 维正态随机向量随着分割细化的均方极限，由习题 5，可知 $(Y(t_1),\cdots,Y(t_n))$ 是正态随机向量.

12. 证明如果 $X(t)$ 在 $[a,b]$ 上均方可微，$X'(t)$ 均方连续，则有

$$X(b)-X(a)=\int_a^b X'(t)\,\mathrm{d}t.$$

证明　设 $Y(t)=\int_a^t X'(s)\,\mathrm{d}s$，则有 $Y''(t)=X''(t)$. 因此存在常数 c，使得 $Y(t)=X(t)+c$. 由 $0=Y(a)=X(a)+c$，可知 $c=-X(a)$.

因此 $\int_a^t X'(s)\,\mathrm{d}s=X(t)-X(a)$，令 $t=b$ 可证.

13. 求随机微分 $\mathrm{d}[t^3W(t)^2]$.

解

$$\mathrm{d}[t^3W(t)^2]=3t^2W(t)^2\mathrm{d}t+2t^3W(t)\mathrm{d}W(t)+t^3\mathrm{d}t.$$

14. 求

$$\begin{cases}X'(t)=Y(t),&t\in[a,b],\\X(a)=X_0,\end{cases}$$

的解，并求其均值函数、相关函数. 其中，$Y(t)$ 是一个已知的零均值的二阶矩过程，协方差函数可积；X_0 是已知二阶矩实值随机变量，且与 Y 独立.

解

$$X(t) = X_0 + \int_0^t Y(s)\, \mathrm{d}s,$$

因此

$$M_X(t) = E[X(t)] = E(X_0) + \int_0^t E[Y(s)]\, \mathrm{d}s = E(X_0);$$

$$R_X(t,x) = E[X(t)X(s)]$$

$$= E\left\{ \left[X_0 + \int_0^t Y(u)\, \mathrm{d}u \right] \left[X_0 + \int_0^s Y(l)\, \mathrm{d}l \right] \right\}$$

$$= E(X_0^2) + E(X_0) E\left[\int_0^t Y(u)\, \mathrm{d}u \right] + E(X_0) E\left[\int_0^s Y(l)\, \mathrm{d}l \right] + E\left[\int_0^s \int_0^t Y(l)Y(u)\, \mathrm{d}l \mathrm{d}u \right]$$

$$= E(X_0^2) + \int_0^s \int_0^t R_Y(l,u)\, \mathrm{d}l \mathrm{d}u.$$

15. 设有如下随机微分方程

$$\begin{cases} Y'(t) + 2Y(t) = X(t), & t \geq 0, \\ Y(0) = 0, \end{cases}$$

其中,$X(t)$ 的均值函数 $m_X(t) = c \neq \pm 2$,相关函数 $R_X(s,t) = \mathrm{e}^{-c|t-s|}$,$t,s \geq 0$.

求 $Y(t)$ 的均值函数 $m_Y(t)$ 及相关函数 $R_Y(s,t)$.

解 解一阶线性微分方程:

$$Y(t) = \int_0^t X(s)\, \mathrm{e}^{-2(t-s)}\, \mathrm{d}s,$$

因此

$$m_Y(t) = E[Y(t)] = \int_0^t E[X(s)]\, \mathrm{e}^{-2(t-s)}\, \mathrm{d}s = \frac{c}{2}(1 - \mathrm{e}^{-2t}),$$

当 $t > s$ 时,

$$R_Y(s,t) = E[Y(s)Y(t)] = \mathrm{e}^{-2(t+s)} \int_0^t \int_0^s \mathrm{e}^{2(u+l)} R_X(u,l)\, \mathrm{d}u \mathrm{d}l$$

$$= \mathrm{e}^{-2(t+s)} \int_0^t \int_0^s \mathrm{e}^{2(u+l)}\, \mathrm{e}^{-c|u-l|}\, \mathrm{d}u \mathrm{d}l$$

$$= \mathrm{e}^{-2(t+s)} \left[\int_0^s \mathrm{d}u \int_u^s \mathrm{e}^{2(u+l)}\, \mathrm{e}^{-c(l-u)}\, \mathrm{d}l + \int_0^s \mathrm{d}u \int_0^u \mathrm{e}^{2(u+l)}\, \mathrm{e}^{-c(u-l)}\, \mathrm{d}l \right.$$

$$\left. + \int_s^t \mathrm{d}u \int_0^s \mathrm{e}^{2(u+l)}\, \mathrm{e}^{-c(u-l)}\, \mathrm{d}l \right]$$

$$= \frac{1}{2(2-c)(2+c)} \left[(2-c)\, \mathrm{e}^{-2(t+s)} - 2\mathrm{e}^{-(ct+2s)} \right.$$

$$\left. - 2\mathrm{e}^{-(cs+2t)} + 2\mathrm{e}^{-c(t-s)} + c\, \mathrm{e}^{-(2t-2s)} \right].$$

16. 随机微分方程

$$\begin{cases} \mathrm{d}X(t) = X(t)\mathrm{d}t + X(t)\mathrm{d}W(t), \\ X(0) = 1. \end{cases}$$

求解 $X(t)$.

解　由 Itô 公式有

$$\mathrm{d}[\ln X(t)] = \frac{1}{X(t)}\mathrm{d}X(t) - \frac{1}{2}\mathrm{d}t$$

$$= \frac{1}{2}\mathrm{d}t + \mathrm{d}W(t),$$

$$\ln X(t) - \ln X(0) = \frac{1}{2}t + W(t),$$

$$X(t) = \mathrm{e}^{\frac{1}{2}t + W(t)}.$$

17. 设 $\{X_n, n \geq 1\}$ 是 Poisson 随机变量序列. 证明该序列的均方极限服从 Poisson 分布.

证明　记 $E(X) = \lambda, E(X_n) = \lambda_n$, 因为 $\lim\limits_{n \to +\infty} X_n = X$, 所以

$$\lim\limits_{n \to +\infty} E(X_n) = E(\mathop{\mathrm{l.i.m}}\limits_{n \to +\infty} X_n) = E(X),$$

即

$$\mathop{\mathrm{l.i.m}}\limits_{n \to +\infty} \lambda_n = \lambda.$$

设 $\phi_n(t)$ 和 $\phi(t)$ 分别表示 X_n 和 X 的特征函数,则

$$\lim\limits_{n \to +\infty} \phi_n(t) = \lim\limits_{n \to +\infty} E(\mathrm{e}^{\mathrm{i}tX_n}) = \lim\limits_{n \to +\infty} \mathrm{e}^{\lambda_n(\mathrm{e}^{\mathrm{i}t}-1)} = \mathrm{e}^{\lim\limits_{n \to +\infty}\lambda_n(\mathrm{e}^{\mathrm{i}t}-1)} = \phi(t).$$

因为特征函数与分布函数一一对应,且 $\phi(t)$ 是 Poisson 分布随机变量的特征函数,故 X 服从 Poisson 分布.

18. 研究下列随机过程的均方可导性.

(1) $X(t) = At + B$, 其中, A, B 是相互独立的二阶矩随机变量, 均值分别为 a, b, 而方差分别为 σ_1^2, σ_2^2;

(2) $X(t) = At^2 + Bt + C$, 其中, A, B, C 是相互独立的二阶矩随机变量, 均值分别为 a, b, c, 而方差分别为 $\sigma_1^2, \sigma_2^2, \sigma_3^2$;

(3) $\{N(t), t \geq 0\}$ 是 Poisson 过程;

(4) $\{W(t), t \geq 0\}$ 是 Wiener 过程.

解　(1) 因为 $E[X(t)] = E(At + B) = ta + b$,

$$R_X(s,t) = E[\overline{X(s)}X(t)] = E[\overline{(As + B)}(At + B)]$$

$$= stE(A^2) + sE(\overline{A}B) + tE(A\overline{B}) + E(\overline{B}B)$$

$$= st(\sigma_1^2 + a^2) + sab + tab + \sigma_2^2 + b^2$$

是关于 s,t 的多项式函数,所以存在任意阶的偏导数. 因此,过程是均方可导的.

(2)由(1)可类似得到:$E[X(t)] = at^2 + bt + c$,

$$R_X(s,t) = s^2t^2(a^2 + \sigma_1^2) + s^2tab + s^2ac + st^2ab + st(b^2 + \sigma_2^2) + t^2ac + tbc + c^2 + \sigma_3^2,$$

所以过程为均方可导的.

(3)由于

$$\lim_{\Delta s \to 0^+} \frac{R_N(t+\Delta s, t) - R_N(t,t)}{\Delta s} = \lim_{\Delta s \to 0} \frac{\lambda^2(t+\Delta s)t + \lambda t - (\lambda^2 t^2 + \lambda t)}{\Delta s} = \lambda^2 t,$$

$$\lim_{\Delta s \to 0^-} \frac{R_N(t+\Delta s, t) - R_N(t,t)}{\Delta s} = \lambda^2 t + \lambda,$$

所以,$R_N'(t,t)$ 不存在,即该过程均方不可导.

(4)由于

$$\lim_{\Delta t \to 0^+} \frac{R_W(t+\Delta t, t) - R_W(t,t)}{\Delta t} = \lim_{\Delta t \to 0} \frac{0}{\Delta t} = 0,$$

$$\lim_{\Delta t \to 0^-} \frac{R_W(t+\Delta t, t) - R_W(t,t)}{\Delta t} = \sigma^2,$$

所以,$R_W'(t,t)$ 不存在,即该过程均方不可导.

19. 求一阶线性随机微分方程

$$\begin{cases} X'(t) + aX(t) = 0, & t \geq 0, a > 0, \\ X(0) = X_0 \end{cases}$$

的解及解的均值函数、相关函数及一维概率密度函数,其中,X_0 是均值为 0、方差为 σ^2 的正态随机变量.

解 (1)由 $\int \frac{\mathrm{d}x}{x} = -\int a\mathrm{d}t$,

可得

$$\ln x = -at + \ln c \Rightarrow X(t) = ce^{-at}, \quad X(0) = c,$$

因此 $X(t) = X_0 e^{-at}$,所以解过程为 $\{X_0 e^{-at}, t \geq 0\}$.

(2) $E[X(t)] = E(X_0 e^{-at}) = 0$;

$$R_X(s,t) = E[X_0^2 e^{-a(t+s)}] = \sigma^2 e^{-a(t+s)};$$

$$F_X(x) = P(X \leq x) = P(X_0 e^{-at} \leq x) = P(X_0 \leq xe^{at}) = F_{X_0}(xe^{at});$$

$$f_X(x) = F_X'(x) = e^{at}F_{X_0}'(xe^{at}) = \frac{e^{at}}{\sqrt{2\pi\sigma^2}}e^{-\frac{x^2 e^{2at}}{2\sigma^2}}.$$

20. 均值函数 $m_X(t) = 5e^{3t}\cos 2t$,相关函数 $R_X(s,t) = 26e^{3(s+t)}\cos(2s)\cos(2t)$

的随机过程 $\{X(t),t\geqslant 0\}$ 输入积分器,其输出为 $Y(t)=\int_0^t X(s)\,\mathrm{d}s,t\geqslant 0$.

试求 $\{Y(t),t\geqslant 0\}$ 的均值函数和相关函数.

解

$$m_Y(t)=\int_0^t m_X(s)\,\mathrm{d}s=\int_0^t 5\mathrm{e}^{3s}\cos(2s)\,\mathrm{d}s=5\times\frac{1}{3}\int_0^t \cos(2s)\,\mathrm{d}\mathrm{e}^{3s}$$

$$=\frac{5}{3}\mathrm{e}^{3s}\cos(2s)\mid_0^t+\frac{5}{3}\cdot 2\int_0^t \mathrm{e}^{3s}\sin(2s)\,\mathrm{d}s$$

$$=\frac{5}{3}\mathrm{e}^{3s}\cos(2t)-\frac{5}{3}+\frac{10}{9}\int_0^t \sin(2s)\,\mathrm{d}\mathrm{e}^{3s}$$

$$=\frac{5}{3}\mathrm{e}^{3t}\cos(2t)-\frac{5}{3}+\frac{10}{9}\mathrm{e}^{3s}\sin(2t)\mid_0^t-\frac{20}{9}\int_0^t \mathrm{e}^{3t}\cos(2s)\,\mathrm{d}s$$

$$=\frac{5}{3}\mathrm{e}^{3t}\cos(2t)-\frac{5}{3}+\frac{10}{9}\mathrm{e}^{3s}\sin(2t)-\frac{4}{9}m_Y(t),$$

因此

$$m_Y(t)=\frac{5}{13}(3\mathrm{e}^{3t}\cos(2t)+2\mathrm{e}^{3t}\sin(2t)-3),t\geqslant 0.$$

$$R_Y(s,t)=\int_0^s\int_0^t R_X(u,v)\,\mathrm{d}u\mathrm{d}v$$

$$=\int_0^s\int_0^t 26\mathrm{e}^{3(u+v)}\cos(2u)\cos(2v)\,\mathrm{d}u\mathrm{d}v$$

$$=26\int_0^s \mathrm{e}^{3u}\cos(2u)\,\mathrm{d}u\int_0^t \mathrm{e}^{3v}\cos(2v)\,\mathrm{d}v.$$

利用上面计算 $m_Y(t)$ 所得的结果,我们可得

$$\int_0^s \mathrm{e}^{3u}\cos(2u)\,\mathrm{d}u=\frac{1}{13}\left[3\mathrm{e}^{3s}\cos(2s)+2\mathrm{e}^{3s}\sin(2s)-3\right],$$

$$\int_0^t \mathrm{e}^{3v}\cos(2v)\,\mathrm{d}v=\frac{1}{13}\left[3\mathrm{e}^{3t}\cos(2t)+2\mathrm{e}^{3t}\sin(2t)-3\right],$$

因此

$$R_Y(s,t)=26\cdot\frac{1}{13}\left[3\mathrm{e}^{3s}\cos(2s)+2\mathrm{e}^{3s}\sin(2s)-3\right]\cdot\frac{1}{13}\left[3\mathrm{e}^{3t}\cos(2t)+2\mathrm{e}^{3t}\sin(2t)-3\right]$$

$$=\frac{2}{13}\left[3\mathrm{e}^{3s}\cos(2s)+2\mathrm{e}^{3s}\sin(2s)-3\right]\left[3\mathrm{e}^{3t}\cos(2t)+2\mathrm{e}^{3t}\sin(2t)-3\right],\quad t,s\geqslant 0.$$

Chapter 7　平稳过程

7.1　内容提要

1. 平稳过程定义

若 $\{X(t), t \in T\}$ 是二阶矩过程,且满足

$$E[X(t)] = m(\text{常数}),$$

$$E[X(t)\overline{X(s)}] = R(s,t) = R(t-s),$$

即均值函数为常数,自相关函数仅与时间差有关,则称 $\{X(t), t \in T\}$ 是宽平稳过程,简称为平稳过程. $r(\tau) = \dfrac{R(\tau)}{R(0)}$ 称为标准化相关函数.

2. 严平稳随机过程

设 $\{X(t), t \in T\}$ 为实随机过程,若对于任意的 $n > 0, t_1, t_2, \cdots, t_n \in T$,且任意实数 $\tau, t_i + \tau \in T (i = 1, 2, \cdots, n)$,随机向量 $(X_{t_1}, X_{t_2}, \cdots, X_{t_n})$ 与 $(X_{t_1+\tau}, X_{t_2+\tau}, \cdots, X_{t_n+\tau})$ 有相同的分布函数,即

$$F(t_1, t_2, \cdots, t_n; x_1, x_2, \cdots, x_n) = F(t_1 + \tau, t_2 + \tau, \cdots, t_n + \tau; x_1, x_2, \cdots, x_n),$$

其中, $(x_1, x_2, \cdots, x_n) \in \mathbb{R}^n$,则 $\{X(t), t \in T\}$ 是严平稳随机过程.

3. 宽平稳过程与严平稳随机过程的关系

①严平稳随机过程不一定存在二阶矩,因此严平稳随机过程不一定是宽平稳过程.

②宽平稳过程一般不是严平稳随机过程,因为过程的二阶矩存在,还不足以确定过程的有限维分布.

③严平稳随机过程具有二阶矩,则一定是宽平稳过程.

④对正态随机过程,宽平稳与严平稳等价.

4.（宽）平稳随机过程相关函数的性质

设 $R(\tau)$ 是复值（宽）平稳过程 $\{X(t),t\in T\}$ 的相关函数,则有下列结论.

① $R(0)\geqslant 0$.

② $R(-\tau)=\overline{R(\tau)}$.

③ $|R(\tau)|\leqslant R(0)$.

④ $R(\tau)$ 是非负定的,即对任意整数 $n,\alpha_i\in\mathscr{C},T_i\in T,i=1,2,\cdots,n$,都有

$$\sum_{j,k=1}^{n}R(t_j-t_k)\alpha_j\overline{\alpha_k}\geqslant 0.$$

⑤ 以下四命题等价:

(a) $\{X(t),t\in T\}$ 在 $T=\mathbb{R}$ 中均方连续.

(b) $\{X(t),t\in T\}$ 在 $t=0$ 点均方连续.

(c) $R(\tau)$ 在 $\mathbb{R}$ 上连续.

(d) $R(\tau)$ 在 $\tau=0$ 点连续.

⑥ $\{X(t),t\in T\}\ p$ 次均方可微的充要条件是 $B(\tau)$ 在点 $\tau=0$ 处 $2p$ 次可微,且此时 $R(\tau)$ 处处 $2p$ 可微,并有

$$E[X^{(q)}(t)X^{(r)}(s)]=(-1)^r R^{(q+r)}(t-s),\quad 0\leqslant q,r\leqslant p.$$

⑦ 若 $\{X(t),t\in T\}$ 是均方可微的实宽平稳过程,则

$$E[X(t)X'(t)]=0,$$

即 $X(t)$ 与 $X'(t)$ 不相关.

5.平稳过程协方差函数的谱分解

1）谱分解定理

设 $\gamma(t)$ 是均方连续平稳过程 $X_T=\{X(t),-\infty<t<+\infty\}$ 的协方差函数,则 $\gamma(t)$ 可表示为

$$\gamma(t)=\frac{1}{2\pi}\int_{-\infty}^{+\infty}\mathrm{e}^{\mathrm{i}t\lambda}\mathrm{d}F(\lambda),\quad -\infty<t<+\infty,\tag{7.1}$$

其中, $F(\lambda)$ 是 $(-\infty,+\infty)$ 上的非负、有界、单调非降的右连续函数,且不计常数之差由 $\gamma(t)$ 唯一确定.式(7.1)称为平稳过程 $\{X(t),t\in T\}$ 的协方差函数的谱分解. $F(\lambda)$ 称为平稳过程的谱函数.

2）功率谱密度

如果存在非负函数 $f(t)$,使得

$$F(\lambda) = \int_{-\infty}^{\lambda} f(t)\,\mathrm{d}t + c, \quad -\infty < \lambda < +\infty,$$

则称 $f(\lambda)$ 为平稳过程 X_T 的功率谱密度.

3) 平稳过程功率谱密度和相关函数的关系

如果平稳过程 $X_T = \{X(t), -\infty < t < +\infty\}$ 的相关函数 $\gamma(\tau)$ 绝对可积,即

$$\int_{-\infty}^{+\infty} \gamma(\tau)\,\mathrm{d}\tau < +\infty,$$

则 X_T 存在功率谱密度 $f(\lambda)$,且有

$$f(\omega) = \int_{-\infty}^{+\infty} \mathrm{e}^{-\mathrm{i}\omega\tau}\gamma(\tau)\,\mathrm{d}\tau, \quad \omega \in (-\infty, +\infty),$$

$$\gamma(\tau) = \frac{1}{2\pi}\int_{-\infty}^{+\infty} \mathrm{e}^{\mathrm{i}\omega\tau}f(\omega)\,\mathrm{d}\omega, \quad \tau \in (-\infty, +\infty),$$

即 $f(\omega)$ 与 $\gamma(\tau)$ 互为 Fourier 变换对.

对平稳时间序列,则有

$$f(\omega) = \sum_{m=-\infty}^{+\infty} \mathrm{e}^{-\mathrm{i}\omega m}\gamma(m), \quad \omega \in [-\pi, \pi],$$

$$\gamma(\tau) = \frac{1}{2\pi}\int_{-\pi}^{\pi} \mathrm{e}^{\mathrm{i}\omega\tau}f(\omega)\,\mathrm{d}\omega, \quad \tau \in (-\infty, +\infty).$$

4) 功率谱密度的性质

① $f(\lambda)$ 是实函数,且 $f(\lambda) \geqslant 0$.

② $f(\lambda)$ 实平稳过程的谱密度是偶函数.

③ $\int_{-\infty}^{+\infty} f(\lambda)\,\mathrm{d}\lambda = 2\pi\gamma(0), f(0) = \int_{-\infty}^{+\infty} \gamma(t)\,\mathrm{d}t.$

5) 相关函数与谱密度对照表

相关函数与谱密度对照表

	相关函数 $B(t)$	谱密度 $f(\lambda)$
1	$\sigma^2 \mathrm{e}^{-\alpha|t|}, \alpha > 0$	$\dfrac{2\sigma^2\alpha}{\alpha^2 + \lambda^2}$
2	$\sigma^2 \mathrm{e}^{-\alpha t^2}, \alpha > 0$	$\sigma^2 \sqrt{\dfrac{\pi}{\alpha}} \exp\left(\dfrac{-\lambda^2}{4\alpha}\right)$
3	$\sigma^2 \mathrm{e}^{-\alpha t^2}\cos(\beta t), \alpha > 0$	$\dfrac{\sigma^2}{2}\sqrt{\dfrac{\pi}{\alpha}}\left\{\exp\left[\dfrac{-(\lambda+\beta)^2}{4\alpha}\right] + \exp\left[\dfrac{-(\lambda-\beta)^2}{4\alpha}\right]\right\}$
4	$\sigma^2 \mathrm{e}^{-\alpha|t|}\cos(\beta t), \alpha > 0$	$\sigma^2\alpha\left[\dfrac{1}{(\lambda+\beta)^2 + \alpha^2} + \dfrac{1}{(\lambda-\beta)^2 + \alpha^2}\right]$
5	$\sigma^2 \dfrac{\sin(\beta t)}{\pi t}, \beta > 0$	$f(\lambda) = \begin{cases} \sigma^2, & |\lambda| \leqslant \beta, \\ 0, & |\lambda| > \beta \end{cases}$

	相关函数 $B(t)$	谱密度 $f(\lambda)$
6	$B(t) = \begin{cases} 1 - \dfrac{|t|}{T}, & |t| \leqslant T, \\ 0, & |t| > T \end{cases}$	$\dfrac{4\sin^2(\lambda T/2)}{T\lambda^2}$
7	$\sigma^2 \cos(\beta t)$	$\sigma^2 \pi [\delta(\lambda - \beta) + \delta(\lambda + \beta)]$
8	$\delta(t)$	1
9	1	$2\pi\delta(\lambda)$

6. 线性系统中的平稳过程

1) 线性时不变系统

设有系统 L,如果

$$y_1(t) = L[x_1(t)], y_2(t) = L[x_2(t)],$$

且对任意常数 α, β 都有

$$L[\alpha x_1(t) + \beta x_2(t)] = \alpha L[x_1(t)] + \beta L[x_2(t)],$$

则称系统 L 是线性系统. 如果系统 L 对任意的 τ 都有

$$L[x(t + \tau)] = y(t + \tau),$$

则称系统 L 是时不变的.

线性的、时不变的系统称为线性时不变系统.

2) 系统的连续性

设有系统 L,且 $y_n(t) = L[x_n(t)], n = 1, 2, \cdots$,如果 L 满足

$$L[\lim_{n \to +\infty} x_n(t)] = \lim_{n \to +\infty} L[x_n(t)],$$

则称系统 L 具有连续性.

3) 输入、输出的关系

设 L 是线性时不变系统,若输入为 $x(t) = e^{i\omega t}$,则其输出为

$$y(t) = \Phi(\omega) e^{i\omega t},$$

其中,$\Phi(\omega) = L[e^{i\omega t}]|_{t=0}$,称为系统 L 的频率响应或频率特性.

若 $\Phi(\omega) = \int_{-\infty}^{+\infty} h(t) e^{-i\omega t} dt$(其中,$h(t)$ 称为系统的脉冲响应),则

$$y(t) = \int_{-\infty}^{+\infty} h(t - \tau) x(\tau) d\tau = h(t) * x(t).$$

若线性时不变系统 L 的脉冲响应 $h(t)$ 平方可积,输入是实均方连续平稳过程 $X_T = \{X(t), t \in T\}$,则输出为

$$Y(t) = \int_{-\infty}^{+\infty} h(t-\tau)X(\tau)\,\mathrm{d}\tau,$$

且 $\{Y(t), t \in T\}$ 是实平稳过程,其均值函数为

$$E[Y(t)] = m_X \int_{-\infty}^{+\infty} h(u)\,\mathrm{d}u,$$

相关函数为

$$B_Y(\tau) = E[Y(t+\tau)Y(t)] = \int_{-\infty}^{+\infty}\int_{-\infty}^{+\infty} B_X(v-u-\tau)h(v)h(u)\,\mathrm{d}u\,\mathrm{d}v.$$

若线性时不变系统 L 的频率响应 $\Phi(\lambda)$ 平方可积,$F_X(\lambda)$ 为输入过程 X_T 的谱函数,则有:

①X_T 是实均方连续平稳过程时,输出 $Y(t)$ 是实平稳过程,且

$$F_Y(\lambda) = \int_{-\infty}^{\lambda} |\Phi(\mu)|^2 \mathrm{d}F_X(\mu),$$

当 X_T 存在谱密度 $f_X(\lambda)$ 时,$\{Y(t), t \in T\}$ 也存在谱密度 $f_Y(\lambda)$,且

$$f_Y(\lambda) = |\Phi(\lambda)|^2 f_X(\lambda);$$

②当输入 X_T 为平稳正态过程时,输出也是平稳正态过程.

7. 平稳相关过程与互谱密度

1) 平稳相关和互谱密度

设两平稳过程 $X_T = \{X(t), -\infty < t < +\infty\}$ 和 $Y_T = \{Y(t), -\infty < t < +\infty\}$ 满足对任意的 h,有

$$E[X(s+h)\overline{Y(t+h)}] = E[X(s)\overline{Y(t)}],$$

则称 X_T 与 Y_T 是平稳相关的.

此时,若它们的互相关函数 $B_{XY}(\tau)$ 绝对可积,则 $B_{XY}(\tau)$ 的 Fourier 变换

$$f_{XY}(\lambda) = \int_{-\infty}^{+\infty} B_{XY}(t)\mathrm{e}^{-\mathrm{i}\lambda t}\mathrm{d}t$$

称为 X_T 与 Y_T 的互谱密度.

2) 互谱密度的性质

① $f_{XY}(\lambda) = \overline{f_{YX}(\lambda)}$.

② $f_{XY}(\lambda)$ 与 $B_{XY}(t)$ 构成 Fourier 变换对,即

$$f_{XY}(\lambda) = \int_{-\infty}^{+\infty} B_{XY}(t)\mathrm{e}^{-\mathrm{i}\lambda t}\mathrm{d}t, \quad -\infty < \lambda < +\infty,$$

$$B_{XY}(t) = \frac{1}{2\pi}\int_{-\infty}^{+\infty} f_{XY}(\lambda)\mathrm{e}^{\mathrm{i}\lambda t}\mathrm{d}\lambda, \quad -\infty < \lambda < +\infty.$$

③ 若 X_T 与 Y_T 是实平稳过程,则 $f_{XY}(\lambda)$ 的实部 $\mathrm{Re}[f_{XY}(\lambda)]$ 是偶函数,而虚部 $\mathrm{Im}[f_{XY}(\lambda)]$ 是奇函数.

④ $|f_{XY}(\lambda)|^2 \leqslant f_X(\lambda) f_Y(\lambda)$.

8. 平稳过程的均方遍历性

1) 平稳过程的遍历性

设 $X_T = \{X(t), -\infty < t < +\infty\}$ 为一平稳过程,且

$$E[X(t)] = m, \quad E\{[X(t+\tau) - m][\overline{X(t) - m}]\} = \gamma(t),$$

若

$$\mathrm{l. i. m}_{T \to +\infty} \frac{1}{2T} \int_{-T}^{T} X(t)\,\mathrm{d}t = m,$$

则称 X_T 的均值具有遍历性;若

$$\mathrm{l. i. m}_{T \to +\infty} \frac{1}{2T} \int_{-T}^{T} [X(t+\tau) - m][\overline{X(t) - m}]\,\mathrm{d}t = \gamma(\tau),$$

则称 X_T 的协方差函数具有遍历性.

如果平稳随机过程的均值和协方差函数都具有遍历性,则称此平稳过程具有遍历性.

2) 平稳过程的采样定理

设 $\{X(t), t \in \mathbb{R}\}$ 是均方连续平稳过程,谱函数为 $F(x)$,且满足

$$\int_{|\lambda| \geqslant 2\pi\alpha} \mathrm{d}F(\lambda) = 0,$$

则当取采样间隔为 $\Delta t = \dfrac{1}{2\alpha}$ 时,在均方收敛和以概率 1 收敛下,均有

$$X(t) = \sum_{k=-\infty}^{\infty} X(k\Delta t) \frac{\sin \dfrac{\pi}{\Delta t}(t - k\Delta t)}{\dfrac{\pi}{\Delta t}(t - k\Delta t)}.$$

7.2　习题解答

1. 设二阶矩过程 $\{X(t), t \in \mathbb{R}\}$ 有均值函数 $E[X(t)] = \alpha + \beta t$, 协方差函数 $\Gamma(s,t) = \mathrm{e}^{-\lambda|t-s|}$, 令

$$Y(t) = X(t+1) - X(t).$$

试证随机过程 $\{Y(t),t\in\mathbb{R}\}$ 为平稳过程.

证明 首先,$E[Y^2(t)]=R_Y(t,t)=2-2e^{-\lambda}+\beta^2<\infty$, Y 为二阶矩过程. 又

$$E[Y(t)]=E[X(t+1)-X(t)]=\alpha+\beta(t+1)-\alpha-\beta t=\beta,$$

$R_Y(t,t+\tau)$

$=\Gamma_Y(t,t+\tau)+E[Y(t)]E[Y(t+\tau)]$

$=\Gamma_X(t+1,t+1+\tau)+\Gamma_X(t,t+\tau)-\Gamma_X(t,t+1+\tau)-\Gamma_X(t+1,t+\tau)+\beta^2$

$=2e^{-\lambda|\tau|}-e^{-\lambda|\tau+1|}-e^{-\lambda|\tau-1|}+\beta^2=R(\tau).$

因此 $\{Y(t),t\in\mathbb{R}\}$ 为平稳过程.

2. 设 $\{X(t),t\in T\}$ 是一均方可导的实宽平稳过程,令 $Y(t)=X'(t)$. 试证明 $\{Y(t),t\in T\}$ 是实宽平稳过程.

证明

$$E[Y(t)]=E[X'(t)]=\frac{E[X(t)]}{\mathrm{d}t}=0;$$

$$R_Y(t,s)=E[X'(t)X'(s)]=\frac{\partial^2}{\partial t\partial s}R_X(s,t)=\frac{\partial^2}{\partial t\partial s}R_X(t-s)$$

$$=-\frac{\partial}{\partial t}R'_X(t-s)=-R''_X(t-s),$$

因此 $\{Y(t),t\in T\}$ 是实宽平稳过程.

3. 设随机过程 $X(t)=\sin ut,t\in T$,其中,u 是均匀分布于 $[0,2\pi]$ 上的随机变量,试证明:

(1)当 $T=\{0,1,2,\cdots\}$ 时, $\{X(t),t\in T\}$ 是平稳过程;

(2)当 $T=[0,\infty)$ 时, $\{X(t),t\in T\}$ 不是平稳过程.

证明 （1）$m_x(n)=E\sin(nu)=\frac{1}{2\pi}\int_0^{2\pi}\sin(nu)\mathrm{d}u=0,$

$R(m,n)=E[\sin(mu)\sin(nu)]=\frac{1}{2\pi}\int_0^{2\pi}\sin(nu)\sin(mu)\mathrm{d}u$

$$=\frac{1}{4\pi}\int_0^{2\pi}\cos(m-n)u-\cos(m+n)u=0.$$

所以 $\{X(n),n=0,1,\cdots\}$ 是平稳过程.

（2）$m_x(t)=E[\sin(tu)]=\frac{1}{2\pi}\int_0^{2\pi}\sin(tu)\mathrm{d}u=\frac{1}{2t\pi}[1-\cos(2\pi t)]$,依赖于 t,

因此 $\{X(t),t\in T\}$ 不是平稳过程.

4. 设实平稳过程 X_T,Y_T,Z_T,且 $Z(t)=X(t)Y(t)$, X_T 与 Y_T 相互独立.

128

（1）证明 $R_Z(\tau) = R_X(\tau)R_Y(\tau)$；

（2）若 $P(t) = X(t) - \mu_X$，$Q(t) = Y(t) - \mu_Y$，$R_P(\tau) = \mathrm{e}^{-a|\tau|}$，$R_Q(\tau) = \mathrm{e}^{-b|\tau|}$，$a,b$ 均为实数，μ_X,μ_Y 为 $X(t),Y(t)$ 的均值，求 $R_Z(\tau)$.

解 （1）由独立性有

$$R_Z(\tau) = E[X(t+\tau)Y(t+\tau)X(t)Y(t)]$$
$$= E[X(t+\tau)X(t)] \cdot E[Y(t+\tau)Y(t)] = R_X(\tau)R_Y(\tau).$$

（2）由（1）有

$$R_Z(\tau) = R_X(\tau)R_Y(\tau) = [\Gamma_X(\tau) + \mu_X^2][\Gamma_Y(\tau) + \mu_Y^2]$$
$$= [R_P(\tau) + \mu_X^2][R_Q(\tau) + \mu_Y^2]$$
$$= (\mathrm{e}^{-a|\tau|} + \mu_X^2)(\mathrm{e}^{-b|\tau|} + \mu_Y^2).$$

5. 已知平稳过程 $\{X(t), t \in \mathbb{R}\}$ 的相关函数

$$R_X(t) = \mathrm{e}^{-\alpha|t|}\cos(\omega_0\tau),$$

其中，α, ω_0 为常数，求 $\{X(t), t \in \mathbb{R}\}$ 的谱密度.

解 由 Fourier 变换，R_X 的功率谱密度

$$f_X(\omega) = \int_{-\infty}^{+\infty} \mathrm{e}^{-i\omega\tau} R_X(\tau)\,\mathrm{d}\tau = \int_{-\infty}^{+\infty} \mathrm{e}^{-i\omega\tau}\mathrm{e}^{-\alpha|\tau|}\cos(\omega_0\tau)\,\mathrm{d}\tau$$

$$= \int_{-\infty}^{+\infty} \mathrm{e}^{-i\omega\tau}\mathrm{e}^{-\alpha|\tau|}\frac{\mathrm{e}^{i\omega_0\tau} + \mathrm{e}^{-i\omega_0\tau}}{2}\,\mathrm{d}\tau$$

$$= \frac{1}{2}\int_{-\infty}^{+\infty} (\mathrm{e}^{-i\omega\tau - \alpha|\tau| + i\omega_0\tau} + \mathrm{e}^{-i\omega\tau - \alpha|\tau| - i\omega_0\tau})\,\mathrm{d}\tau$$

$$= \frac{1}{2}\{\int_{-\infty}^{0} [\mathrm{e}^{(i\omega_0 + \alpha - i\omega)\tau} + \mathrm{e}^{(\alpha - i\omega - i\omega_0)\tau}]\,\mathrm{d}\tau$$

$$+ \int_{0}^{+\infty} [\mathrm{e}^{(i\omega_0 - \alpha - i\omega)\tau} + \mathrm{e}^{-(\alpha + i\omega + i\omega_0)\tau}]\,\mathrm{d}\tau\}$$

$$= \frac{1}{2}[\frac{1}{i\omega_0 + \alpha - i\omega}\mathrm{e}^{(i\omega_0 + \alpha - i\omega)\tau}\big|_{-\infty}^{0} + \frac{1}{-i\omega_0 + \alpha - i\omega}\mathrm{e}^{(-i\omega_0 + \alpha - i\omega)\tau}\big|_{-\infty}^{0}$$

$$+ \frac{1}{i\omega_0 - \alpha - i\omega}\mathrm{e}^{(i\omega_0 - \alpha - i\omega)\tau}\big|_{0}^{+\infty} - \frac{1}{i\omega_0 + \alpha + i\omega}\mathrm{e}^{-(i\omega_0 + \alpha + i\omega)\tau}\big|_{0}^{+\infty}]$$

$$= \frac{1}{2}[\frac{1}{i\omega_0 + \alpha - i\omega} + \frac{1}{-i\omega_0 + \alpha - i\omega} - \frac{1}{i\omega_0 - \alpha - i\omega} + \frac{1}{i\omega_0 + \alpha + i\omega}]$$

$$= \frac{\alpha}{\alpha^2 + (\omega - \omega_0)^2} + \frac{\alpha}{\alpha^2 + (\omega + \omega_0)^2}.$$

6. 设平稳过程 X_T 的相关函数为 $R_X(\tau) = \sigma^2\cos(a\tau)$，求其谱密度函数.

解

$$R_X(\tau) = \sigma^2 \cos(a\tau) = \frac{\sigma^2}{2}(e^{ia\tau} + e^{-ia\tau})$$

$$= \frac{1}{2\pi}\int_{-\infty}^{\infty} e^{i\tau\lambda} f_X(\lambda)\,d\lambda,$$

因此 $f_X(\lambda) = \pi\sigma^2[\delta(\lambda - a) + \delta(\lambda + a)]$.

7. 设平稳过程 X_T 的相关函数为 $R_X(\tau) = 5 + 2e^{-3|\tau|}\cos^2(2\tau)$，求其谱密度函数.

解

$$R_X(\tau) = 5 + e^{-3|\tau|} + e^{-3|\tau|}\cos(4\tau),$$

则谱密度函数

$$f_X(\lambda) = 10\pi\delta(\lambda) + \frac{6}{9+\lambda^2} + \frac{3}{9+(\lambda-4)^2} + \frac{3}{9+(\lambda+4)^2}.$$

8. 某系统的输入 $x(t)$ 与输出 $y(t)$ 之间有关系式

$$y(t) = \int_{-\infty}^{t} e^{-\beta(t-s)} x(s)\,ds, \quad \beta > 0,$$

求系统的脉冲响应函数 $h(t)$.

解

$$y(t) = \int_{-\infty}^{t} e^{-\beta(t-s)} x(s)\,ds = \int_{-\infty}^{\infty} I_{\{t-s>0\}} e^{-\beta(t-s)} x(s)\,ds,$$

则脉冲响应函数 $h(t) = I_{\{t>0\}} e^{-\beta t}$.

9. 对定常线性系统输入一个白噪声，即 $R_X(\tau) = f_0\delta(\tau)$，或 $f_X(\lambda) = f_0, f_0 > 0$ 是常数. 试求输入与输出的互相关函数和互谱密度.

解 互相关函数

$$R_{XY}(\tau) = \int_0^{\infty} f_0\delta(\tau-t)h(t)\,dt = \begin{cases} f_0 h(\tau), & \tau > 0, \\ 0, & \tau \leq 0. \end{cases}$$

互谱密度为 $f_{XY}(\lambda) = f_0\Phi(\lambda)$.

10. 设线性时不变系统的频率响应 $\Phi(\omega) = \frac{i\omega - \alpha}{i\omega + \beta}$，输入平稳过程 $X(t)$ 的相关函数 $R_X(\tau) = e^{-a|\tau|}$. 求互相关函数 $R_{YX}(\tau)$.

解 $\Phi(\omega) = 1 - \frac{\alpha+\beta}{i\omega+\beta}$,

则相应脉冲响应

$$h(\tau) = \delta(\tau) - (\alpha+\beta)\,\mathrm{e}^{-\beta}u(\tau).$$

互相关函数

$$R_{YX}(\tau) = \int_{-\infty}^{\infty} R_X(\tau-v)h(v)\,\mathrm{d}v$$

$$= \int_{-\infty}^{\infty} \mathrm{e}^{-a|\tau-v|}\big[\delta(v) - (\alpha+\beta)\,\mathrm{e}^{-\beta v}u(v)\big]\,\mathrm{d}v$$

$$= \mathrm{e}^{-a|\tau|} - (\alpha+\beta)\int_0^{\infty} \mathrm{e}^{-\beta v}\mathrm{e}^{-a|\tau-v|}\,\mathrm{d}v.$$

当 $\tau<0$ 时，

$$\int_0^{\infty} \mathrm{e}^{-\beta v}\mathrm{e}^{-a|\tau-v|}\,\mathrm{d}v = \int_0^{\infty}\mathrm{e}^{-\beta v}\mathrm{e}^{a(\tau-v)}\,\mathrm{d}v = \frac{\mathrm{e}^{a\tau}}{a+\beta}.$$

当 $\tau\le0$ 时，

$$\int_0^{\infty}\mathrm{e}^{-\beta v}\mathrm{e}^{-a|\tau-v|}\,\mathrm{d}v = \int_0^{\tau}\mathrm{e}^{-\beta v}\mathrm{e}^{-a(\tau-v)}\,\mathrm{d}v + \int_{\tau}^{\infty}\mathrm{e}^{-\beta v}\mathrm{e}^{a(\tau-v)}\,\mathrm{d}v$$

$$= \frac{\mathrm{e}^{-\beta\tau}-\mathrm{e}^{-a\tau}}{a-\beta} + \frac{\mathrm{e}^{-\beta\tau}}{a+\beta},$$

因此

$$R_{YX}(\tau) = \begin{cases} \mathrm{e}^{a\tau}\big(1+\dfrac{\alpha+\beta}{a+\beta}\big), & \tau<0, \\[2ex] \mathrm{e}^{-a\tau} + (\alpha+\beta)\big(\dfrac{\mathrm{e}^{-\beta\tau}-\mathrm{e}^{-a\tau}}{a-\beta}+\dfrac{\mathrm{e}^{-\beta\tau}}{a+\beta}\big), & \tau\le0. \end{cases}$$

11. 在线性系统中，若输入为平稳过程 $X(t)$，输出为 $Y(t) = X(t)+X(t-T)$. 求证 $Y(t)$ 的谱密度为 $f_Y(\lambda) = 2f_X(\lambda)\big[1+\cos(\lambda T)\big]$.

证明

$$R_Y(\tau) = E\big[Y(t)Y(t+\tau)\big] = E\big\{\big[X(t)+X(t-T)\big]\cdot\big[X(t+\tau)+X(t+\tau-T)\big]\big\}$$

$$= 2R_X(\tau) + R_X(\tau-T) + R_X(\tau+T),$$

$$f_Y(\lambda) = 2f_X(\lambda) + \mathrm{e}^{-\mathrm{i}\lambda T}f_X(\lambda) + \mathrm{e}^{\mathrm{i}\lambda T}f_X(\lambda)$$

$$= 2f_X(\lambda)\big[1+\cos(\lambda T)\big].$$

12. 设有一个线性时不变且在均方收敛意义下的连续系统，如果输入是一个零均值的实平稳过程 $\{X(t),t\in[0,\infty)\}$，已知 $R_X(\tau)=\delta(\tau)$，设 $Y(t)$ 是相应的输出，如果系统的脉冲响应给定为 $h(t)=I_{\{t>0\}}t\mathrm{e}^{-2t}$. 试求 Y 的相关函数,谱密度和 X,Y 的互谱密度.

解 当 $\tau>0$ 时，

$$R_Y(\tau) = \int_{-\infty}^{\infty} \int_{-\infty}^{\infty} R_X(\tau - \lambda_2 + \lambda_1) h(\lambda_1) h(\lambda_2) \mathrm{d}\lambda_2 \mathrm{d}\lambda_1$$

$$= \int_{-\infty}^{\infty} h(\lambda_2 - \tau) h(\lambda_2) \mathrm{d}\lambda_2$$

$$= \int_{\tau}^{\infty} (\lambda_2 - \tau) \mathrm{e}^{-2(\lambda_2 - \tau)} \lambda_2 \mathrm{e}^{-2\lambda_2} \mathrm{d}\lambda_2$$

$$= \mathrm{e}^{-2\tau} \left(\frac{\tau}{16} + \frac{1}{32} \right).$$

因为 R_Y 为偶函数,$R_Y(\tau) = \mathrm{e}^{-2|\tau|} \left(\frac{|\tau|}{16} + \frac{1}{32} \right).$

$$f_Y(\lambda) = \int_{-\infty}^{\infty} R_Y(\tau) \mathrm{e}^{-\mathrm{i}\lambda\tau} \mathrm{d}\tau = \frac{4 - 4\mathrm{i}\lambda - \lambda^2}{(4\lambda)^2 + (4 - \lambda^2)^2}.$$

$$R_{YX}(\tau) = \int_{-\infty}^{\infty} h(s) R_X(\tau - s) \mathrm{d}s = \int_0^{\infty} h(s) \delta(\tau - s) \mathrm{d}s = h(\tau),$$

因此有 $f_{YX}(\lambda) = \dfrac{1}{(2 + \mathrm{i}\lambda)^2}.$

13. 设随机过程 $\{X(t) = A\sin t + B\cos t, t \in \mathbb{R}\}$,其中,$A,B$ 是均值为 0、互不相关的随机变量,且满足 $E(A^2) = E(B^2)$. 试证 $X(t)$ 具有均值的均方遍历性而无自相关函数的均方遍历性.

证明 $E[X(t)] = 0$,$R_X(\tau) = E(A^2)\cos\tau$. 而 $\lim\limits_{T \to \infty} \dfrac{1}{2T} \int_{-T}^{T} (A\sin t + B\cos t) \mathrm{d}t = 0$

$= E[X(t)]$,

$$\lim_{T \to \infty} \frac{1}{2T} \int_{-T}^{T} (A\sin t + B\cos t)[A\sin(t+\tau) + B\cos(t+\tau)] \mathrm{d}t$$

$$= \frac{A^2 + B^2}{2}\cos\tau \neq R_X(\tau).$$

14. 已知平稳过程 $\{X(t), t \in \mathbb{R}\}$ 的相关函数为

$$R(t) = \frac{1}{2}\mathrm{e}^{-2t} - \frac{1}{3}\mathrm{e}^{-3t}.$$

试讨论其均方连续性、均方可积性和均方可导性.

解 $R(t)$ 在 $\mathbb{R}$ 上连续光滑,因此 $X(t)$ 均方连续,均方可微,均方可积.

15. 已知平稳过程 $\{X(t), t \in \mathbb{R}\}$ 的均值函数为 $E[X(t)] = 0$,相关函数为

$$R(t) = \begin{cases} 1 - |t|, & |t| \leq 1, \\ 0, & \text{其他.} \end{cases}$$

试讨论其均方连续性、均方可积性、均方可导性及均值的均方遍历性.

解 $\lim\limits_{t\to\infty} R(t) = 0 = E(X)$，因此 X 均方遍历.

16. 设 $X(t) = \sin(2\pi\alpha t)$，$t = 1,2,\cdots$，其中，$\alpha$ 在区间 $(0,1)$ 上服从均匀分布，试说明 $\{X(t), t = 1,2,\cdots\}$ 是平稳过程，但不是严平稳过程.

解 因为 $E[X(t)] = E[\sin(2\pi\alpha t)] = \int_0^1 \sin(2\pi\alpha t)\,d\alpha = 0$，$t = 1,2,\cdots$

$$
\begin{aligned}
R_X(s,t) &= E[X(s)X(t)] \\
&= E[\sin(2\pi\alpha s)\sin(2\pi\alpha t)] \\
&= \int_0^1 \sin(2\pi\alpha s)\sin(2\pi\alpha t)\,d\alpha \\
&= \frac{1}{2}\int_0^1 \{\cos[2\pi(t-s)\alpha] - \cos[2\pi(t+s)\alpha]\}\,d\alpha \\
&= 0, \quad s,t = 1,2,\cdots.
\end{aligned}
$$

所以 $\{X(t), t = 1,2,\cdots\}$ 是平稳过程，但不是严平稳过程.

事实上，由于 $\{X(t), t = 1,2,\cdots\}$ 的二维分布函数为

$$
F(t_1,t_2;x_1,x_2) = P[X(t_1)\leqslant x_1, X(t_2)\leqslant x_2], \quad x_1,x_2\in\mathbb{R}, t_1,t_2 = 1,2,\cdots,
$$

取 $t_1 = 1, t_2 = 2, x_1 = \frac{1}{2}, x_1 = \frac{1}{2}, \tau = 1$ 得

$$
F(t_1,t_2;x_1,x_2) = F(1,2;\tfrac{1}{2},\tfrac{1}{2}) = P[\sin(2\pi\alpha)\leqslant\tfrac{1}{2}, \sin(4\pi\alpha)\leqslant\tfrac{1}{2}] = \frac{11}{24},
$$

$$
F(t_1+\tau,t_2+\tau;x_1,x_2) = F(2,3;\tfrac{1}{2},\tfrac{1}{2}) = P[\sin(4\pi\alpha)\leqslant\tfrac{1}{2}, \sin(6\pi\alpha)\leqslant\tfrac{1}{2}] = \frac{4}{9},
$$

因此 $\{X(t), t = 1,2,\cdots\}$ 的二维分布随时间的推移而发生改变，从而 $\{X(t), t = 1, 2,\cdots\}$ 不是严平稳过程.

17. 已知平稳过程 $\{X(t), -\infty\leqslant t\leqslant +\infty\}$ 的相关函数如下：

$(1)\ R_X(\tau) = e^{-|\tau|}\cos(\pi\tau) + \cos(3\pi\tau)$；

$(2)\ R_X(\tau) = \sigma^2 e^{-\alpha|\tau|}[\cos(\beta\tau) + \frac{\alpha}{\beta}\sin(\beta|\tau|)]$，$\alpha > 0$；

$(3)\ R_X(\tau) = \begin{cases} 1 - \dfrac{|\tau|}{T_0}, & |\tau|\leqslant T_0, \\ 0, & |\tau| > T_0. \end{cases}$

试求 $\{X(t), -\infty\leqslant t\leqslant +\infty\}$ 的谱密度.

解 (1)

$$
f_X(\omega) = \int_{-\infty}^{+\infty} e^{-i\omega\tau} R_X(\tau)\,d\tau = \int_{-\infty}^{+\infty} e^{-i\omega\tau}[e^{-|\tau|}\cos(\pi\tau) + \cos(3\pi\tau)]\,d\tau
$$

$$= \int_{-\infty}^{+\infty} e^{-i\omega\tau} e^{-|\tau|} \cos(\pi\tau) d\tau + \int_{-\infty}^{+\infty} e^{-i\omega\tau} \cos(3\pi\tau) d\tau$$

$$= \frac{1}{1+(\omega-\pi)^2} + \frac{1}{1+(\omega+\pi)^2} + \pi[\delta(\omega-3\pi) + \delta(\omega+3\pi)].$$

（2）

$$f_X(\omega) = \int_{-\infty}^{+\infty} e^{-i\omega\tau} R_X(\tau) d\tau$$

$$= \int_{-\infty}^{+\infty} e^{-i\omega\tau} \sigma^2 e^{-\alpha|\tau|} \left[\cos(\beta\tau) + \frac{\alpha}{\beta} \sin(\beta|\tau|) \right] d\tau$$

$$= \sigma^2 \left\{ \frac{\alpha}{\alpha^2+(\omega-\beta)^2} + \frac{\alpha}{\alpha^2+(\omega+\beta)^2} + \frac{\alpha}{\beta}\left[\frac{\omega+\beta}{\alpha^2+(\omega+\beta)^2} - \frac{\omega-\beta}{\alpha^2+(\omega-\beta)^2} \right] \right\}$$

$$= \frac{\alpha\sigma^2}{\beta}\left[\frac{\omega+2\beta}{\alpha^2+(\omega+\beta)^2} - \frac{\omega-2\beta}{\alpha^2+(\omega-\beta)^2} \right]$$

$$= \frac{4\alpha\sigma^2(\alpha^2+\beta^2)}{(\omega^2+\alpha^2-\beta^2)^2+4\alpha^2\beta^2}.$$

（3）

$$f_X(\omega) = \int_{-\infty}^{+\infty} e^{-i\omega\tau} R_X(\tau) d\tau = \int_{-T_0}^{T_0} e^{-i\omega\tau} \left(1 - \frac{|\tau|}{T_0}\right) d\tau = \frac{4}{T_0\omega^2} \sin^2\frac{\omega T_0}{2}.$$

18. 设 $\{W(t), t \geq 0\}$ 是标准 Wiener 过程.

（1）证明 $Y(t) = W(t+1) - W(t)$ 是平稳过程；

（2）证明其均值具有遍历性；

（3）试求 $Y(t) = W(t+1) - W(t)$ 的谱密度.

证明　（1）由于 $W(t) \sim N(0,1)$，$Y(t) = W(t+1) - W(t)$，故 $E[Y(t)] = 0$，

$$R_Y(s,t) = E[Y(s)Y(t)] = E[W(s+1) - W(s)][W(t+1) - W(t)]$$

$$= R_W(s+1, t+1) - R_W(s+1, t) - R_W(s, t+1) + R_W(s, t)$$

$$= \min\{s+1, t+1\} - \min\{s+1, t\} - \min\{s, t+1\} + \min\{s, t\}$$

$$= \begin{cases} 0, & |t-s| > 1, \\ 1 - |t-s|, & |t-s| \leq 1. \end{cases}$$

故 $Y(t) = W(t+1) - W(t) \sim N(0,1)$ 是平稳过程.

（2）由于 $\lim_{\tau\to\infty} C_Y(\tau) = \lim_{\tau\to\infty} [R_X(\tau) - 0] = 0$，故均值具有遍历性.

（3）因为

$$R_Y(\tau) = \begin{cases} 1 - |\tau|, & |\tau| \leq 1, \\ 0, & \text{其他}, \end{cases}$$

所以

$$f_X(\omega) = \int_{-\infty}^{\infty} R_Y(\tau) e^{-i\omega\tau} d\tau = \int_{-1}^{1} (1 - |\tau|) e^{-i\omega\tau} d\tau$$

$$= 2\int_{0}^{1} (1 - \tau)\cos(\omega\tau) d\tau = \frac{4\sin^2(\omega/2)}{\omega^2}.$$

19. 设 $X(t) = A\cos(\omega t + \Phi)$，$-\infty < t < +\infty$，其中，$A,\omega,\Phi$ 是相互独立的随机变量，$E(A) = 2, D(A) = 4, \omega \sim U(-5,5), \Phi \sim U(-\pi,\pi)$. 试研究 $\{X(t), -\infty < t < +\infty\}$ 的平稳性和遍历性.

解

$$E[X(t)] = E[A\cos(\omega t + \Phi)] = E(A)E[\cos(\omega t + \Phi)]$$

$$= 2 \cdot \frac{1}{20\pi}\int_{-5}^{5} d\omega \int_{-\pi}^{\pi} \cos(\omega t + \phi) d\phi$$

$$= 0, \quad -\infty < t < \infty.$$

$$R_X(t, t+\tau) = E[\overline{X(t)}X(t+\tau)]$$

$$= E\{\overline{A\cos(\omega t + \Phi)}A\cos[\omega(t+\tau)+\Phi]\}$$

$$= E(|A|^2)E\{\cos(\omega t + \Phi)\cos[\omega(t+\tau)+\Phi]\}$$

$$= \frac{8}{20\pi}\int_{-5}^{5} d\omega \int_{-\pi}^{\pi} \cos(\omega t + \phi)\cos[\omega(t+\tau)+\phi] d\phi$$

$$= \frac{8}{40\pi}\int_{-5}^{5} d\omega \int_{-\pi}^{\pi} [\cos(\omega\tau) + \cos(2\omega t + \omega\tau + 2\phi)] d\phi$$

$$= \frac{8}{20\pi}\int_{-5}^{5} \cos(\omega\tau) d\omega = \frac{4}{5}\frac{\sin 5\tau}{\tau\pi} = R_X(\tau),$$

所以，$\{X(t), -\infty < t < \infty\}$ 具有平稳性.

$$<X(t)> = \underset{T\to\infty}{\text{l. i. m}}\frac{1}{2T}\int_{-T}^{T} A\cos(\omega t + \Phi) dt$$

$$= \underset{T\to\infty}{\text{l. i. m}}\frac{A}{\omega T}\sin(\omega T)\cos\Phi = 0 = E[X(t)],$$

因此，$\{X(t), -\infty < t\infty\}$ 的均值具有遍历性.

$$<\overline{X(t)}X(t+\tau)> = \underset{t\to\infty}{\text{l. i. m}}\frac{1}{2T}\int_{-T}^{T} \overline{A\cos(\omega t + \Phi)}A\cos[\omega(t+\tau)+\Phi] dt$$

$$= \underset{n\to\infty}{\text{l. i. m}}\frac{|A|^2}{2}\cos(\omega\tau) \neq R_X(\tau),$$

因此，$\{X(t), -\infty < t < +\infty\}$ 的相关函数不具有遍历性.

20. 设 $X(t) = X \cdot f(t)$，其中，X 为实随机变量，满足 $E(X) = 0, E(X^2) = \sigma^2$, f

(t) 为一个非随机的复值函数,考虑复值过程 $\{X(t), -\infty < t < \infty\}$.

试证明 $\{X(t)\}$ 为平稳过程的充分必要条件为 $f(t) = Ce^{i(\lambda t + \theta)}$,其中,$i = \sqrt{-1}$,$C, \lambda, \theta$ 为常数.

证明 由 $E(X) = 0$,可知 $E[X(t)] = 0$, $-\infty < t < \infty$. 如果 $f(t) = Ce^{i(\lambda t + \theta)}$,则

$$E[X(t+\tau)\overline{X(t)}] = E\{X^2 C^2 e^{i[\lambda(t+\tau)+\theta]} e^{-i(\lambda t + \theta)}\} = \sigma^2 C^2 e^{i\lambda\tau},$$

故 Y 为平稳过程,反之,设 $X(t)$ 是一个平稳过程,则

$$R(\tau) = E[X(t+\tau)]\overline{X(t)} = E(X^2)f(t+\tau)\overline{f(t)} = \sigma^2 f(t+\tau)\overline{f(t)},$$

即 $f(t+\tau)\overline{f(t)}$ 与 t 无关. 取 $\tau = 0$,我们有

$$|f(t)|^2 = C^2 = R(0),$$

故 $f(t) = Ce^{i\psi(t)}$,这里 $\psi(t)$ 为一个实数,由此

$$f(t+\tau)\overline{f(t)} = C^2 e^{i[\psi(t+\tau)-\psi(t)]}$$

与 t 无关,所以

$$\frac{d[\psi(t+\tau)-\psi(t)]}{dt} = 0,$$

即 $\dfrac{d\psi(t+\tau)}{dt} = \dfrac{d\psi(t)}{dt}$ 对一切 t 均成立. 因而 $\psi'(t)$ 为一常数,记为 λ,即 $\psi(t) = \lambda t + \theta$,因而有

$$f(t) = Ce^{i(\lambda t + \theta)}.$$

21. 设平稳过程 $\{X(t), t \in T\}$ 的谱函数为 $F_X(\omega)$,若定义

$$Y(t) = \sum_{k=1}^{n} a_k X(t+s_k),$$

其中,a_k 为复常数,s_k 为实常数,$k = 1, 2, \cdots, n$.

试证明 $\{Y(t), t \in T\}$ 为平稳过程,并求其自相关函数 $R_Y(\tau)$ 及谱函数 $F_Y(\omega)$.

解 $E[Y(t)] = E[\sum_{k=1}^{n} a_k X(t+s_k)] = \sum_{k=1}^{n} a_k E[X(t+s_k)] = C \cdot \sum_{k=1}^{n} a_k$ 为不依赖 t 的常数.

$$R_Y(t, t+\tau) = E[\sum_{k=1}^{n}\sum_{l=1}^{n} a_k \overline{a_l} X(t+s_k)\overline{X(t+\tau+s_l)}]$$

$$= \sum_{k=1}^{n}\sum_{l=1}^{n} a_k \overline{a_l} R_X(\tau + s_l - s_k) = R_Y(\tau),$$

$$E[|Y(t)|^2] = R_Y(t,t) = R_Y(0) = \sum_{k=1}^{n}\sum_{l=1}^{n} a_k \overline{a_l} R_X(s_l - s_k) < +\infty,$$

即 $\{Y(t), t \in T\}$ 为平稳过程.

$$f_Y(\omega) = \int_{-\infty}^{+\infty} R_Y(\tau)\mathrm{e}^{-\mathrm{i}\omega\tau}\,\mathrm{d}\tau = \int_{-\infty}^{\infty} \sum_{k=1}^{n}\sum_{l=1}^{n} a_k\overline{a_l}R_X(\tau+s_l-s_k)\mathrm{e}^{-\mathrm{i}\omega\tau}\,\mathrm{d}\tau$$

$$= \sum_{k=1}^{n}\sum_{l=1}^{n} a_k\overline{a_l}\int_{-\infty}^{+\infty} R_X(\tau+s_l-s_k)\mathrm{e}^{-\mathrm{i}\omega\tau}\,\mathrm{d}\tau$$

$$= \sum_{k=1}^{n}\sum_{l=1}^{n} a_k\overline{a_l}\int_{-\infty}^{+\infty} R_X(\tau)\mathrm{e}^{-\mathrm{i}\omega(\tau+s_k-s_l)}\,\mathrm{d}\tau$$

$$= \sum_{k=1}^{n}\sum_{l=1}^{n} a_k\overline{a_l}\mathrm{e}^{-\mathrm{i}\omega s_k}\overline{\mathrm{e}^{-\mathrm{i}\omega s_l}}\int_{-\infty}^{+\infty} R_X(\tau)\mathrm{e}^{-\mathrm{i}\omega\tau}\,\mathrm{d}\tau$$

$$= \sum_{k=1}^{n}\sum_{l=1}^{n} a_k\overline{a_l}\mathrm{e}^{-\mathrm{i}\omega s_k}\overline{\mathrm{e}^{-\mathrm{i}\omega s_l}}f_X(\omega) = |\sum_{k=1}^{n} a_k\mathrm{e}^{-\mathrm{i}\omega s_k}|^2 f_X(\omega),$$

因此

$$F_Y(\omega) = \int_{-\infty}^{\omega} f_Y(t)\,\mathrm{d}t = \int_{-\infty}^{\omega} |\sum_{k=1}^{n} a_k\mathrm{e}^{-\mathrm{i}t s_k}|^2 f_X(t)\,\mathrm{d}t$$

$$= \int_{-\infty}^{\omega} |\sum_{k=1}^{n} a_k\mathrm{e}^{-\mathrm{i}t s_k}|^2 \mathrm{d}F_X(t).$$

22. 某线性时不变系统的脉冲响应为

$$h(t) = \begin{cases} \mathrm{e}^{-bt}, & t\geqslant 0, \\ 0, & t<0\,(b>0), \end{cases}$$

输入 $X(t)$ 是自相关函数为 $R_X(\tau) = \sigma_X^2\mathrm{e}^{-a|\tau|}$ $(a>0, a\neq b)$ 的零均值平稳 Gauss 信号,求输出信号 $Y(t)$ 的功率谱与自相关函数.

解　已知脉冲响应和输入信号的时域信息相关函数,但若在时域上计算输出信号的相关函数需要做两次卷积计算,计算比较复杂,所以采用频域分析方法:

$$H(\omega) = \int_{-\infty}^{+\infty} h(t)\mathrm{e}^{-\mathrm{i}\omega u}\,\mathrm{d}u = \int_{0}^{+\infty} \mathrm{e}^{-bt}\mathrm{e}^{-\mathrm{i}\omega u}\,\mathrm{d}u = \frac{1}{b+\mathrm{i}\omega},$$

$$f_X(\omega) = \int_{-\infty}^{+\infty} R_X(\tau)\mathrm{e}^{-\mathrm{i}\omega u}\,\mathrm{d}u = \int_{-\infty}^{+\infty} \sigma_X^2\mathrm{e}^{-a|\tau|}\mathrm{e}^{-\mathrm{i}\omega u}\,\mathrm{d}u = \frac{2a\sigma_X^2}{a^2+\omega^2},$$

由于 $f_{YX}(\omega) = H(\omega)f_X(\omega)$ 可得

$$f_Y(\omega) = f_X(\omega)|H(\omega)|^2 = \frac{2a\sigma_X^2}{(a^2+\omega^2)(b^2+\omega^2)}.$$

因此

$$R_Y(\tau) = \mathscr{F}^{-1}[f_Y(\omega)] = \mathscr{F}^{-1}\left[\frac{2a\sigma_X^2}{(a^2+\omega^2)(b^2+\omega^2)}\right]$$

$$= \mathscr{F}^{-1}\left[\frac{2a\sigma_X^2}{b^2-a^2}\left(\frac{1}{a^2+\omega^2}-\frac{1}{b^2+\omega^2}\right)\right] = \frac{a\sigma_X^2}{b^2-a^2}\left(\frac{1}{a}\mathrm{e}^{-a|\tau|}-\frac{1}{b}\mathrm{e}^{-b|\tau|}\right).$$